图说
经典
百科

图说微生物

《图说经典百科》编委会

彩色图鉴

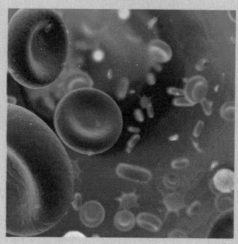

南海出版公司

图书在版编目（CIP）数据

图说微生物 / 《图说经典百科》编委会编著. -- 海
口：南海出版公司，2015.9（2022.3重印）
　　ISBN 978-7-5442-7958-1

　　Ⅰ. ①图… Ⅱ. ①图… Ⅲ. ①微生物－青少年读物
Ⅳ. ①Q939-49

　　中国版本图书馆CIP数据核字（2015）第204862号

TUSHUO WEISHENGWU

图说微生物

编　　著	《图说经典百科》编委会	
责任编辑	张爱国　吴燕梅	
出版发行	南海出版公司　电话：（0898）66568511（出版）	
	（0898）65350227（发行）	
社　　址	海南省海口市海秀中路51号星华大厦五楼　　邮编：570206	
电子信箱	nhpublishing@163.com	
经　　销	新华书店	
印　　刷	北京兴星伟业印刷有限公司	
开　　本	787毫米×1092毫米　1/16	
印　　张	7	
字　　数	70千	
版　　次	2015年12月第1版　　2022年3月第2次印刷	
书　　号	ISBN 978-7-5442-7958-1	
定　　价	36.00元	

生命对人来说是一个难解的谜，而微生物作为一群特殊的生命体更是让人感到不可思议。虽然，微生物在地球上已经存在了几十亿年，地球几经沧桑，然而，这些神奇的生物群落却能繁衍至今。

尽管几个世纪以来，人们知道弯曲的镜片能放大物体，但只有当一双灵巧的工匠之手和一个科学家的探索精神结合在一起的时候，我们对生活的这个世界的理解才从此发生了变化。透过镜片，人类看到了"镜片下有很多微小的生物，一些是圆形的，而其他大一点儿的是椭圆形的，在近头部的部位有两个小腿，在身体的后面有两个小鳍。另外一些比椭圆形的还大一些，它们移动得很慢，数量也很少。这些微生物有各种颜色，一些白而透明，一些是绿色的带有闪光的小鳞片，还有一些中间是绿色，两边是白色的，还有灰色的。大多数微生物在水中能运动自如，向上或向下，或原地打转儿。它们看上去真是太奇妙了"。虽然，人类对微生物的利用已有几千年的历史，现代微生物学也经历了一个多世纪的发展，但至今，微生物仍可能是地球上最大的、尚未有效开发利用的自然资源。

本书详细介绍了这些在显微镜下才能被发现的"聪明而智慧"的微小生物。全书从介绍地球上最早的"居民"开始，逐步带你去了解微生物是怎样生存至今的；微生物与人体的健康，与人们的生活有哪些利害关系；微生物的存在又对地球这颗蓝色星球起到了什么作用；微生物能为我们的未来作出什么贡献；让人讨厌的细菌、病毒又是什么样的；伟大的科学家们是怎样努力为我们开启了解微生物世界的大门。相信本书将激发你的阅读兴趣，丰富你的课外知识。

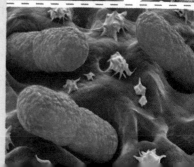

目录
Contents

Ch1 1 探寻微生物的世界

地球上最早的"居民" / 2

有些微生物曾经"厌氧" / 4

地球的化学化石——古生菌 / 7

活了三万年的太古菌 / 9

庞大的微生物世界 / 11

微生物让你长了蛀牙 / 14

Ch2 17 微生物是怎样生存的

微生物的特征 / 18

微生物是怎么生长的 / 21

微生物的营养来源 / 24

生存在海洋中的 微生物 / 27

生存在极端环境中的微生物 / 29

Ch3 33 微生物与人体健康

人体常见的正常菌群 / 34

你的伤口为什么会感染 / 38

食用真菌——美味佳肴 / 41

真菌"皇后"——竹荪 / 43

乳酸菌——肠道卫士 / 45

细菌"吃"细菌——抗生素的发现 / 47

药"高"一尺还是菌"高"一丈 / 50

图说微生物

Ch4 53 微生物让生活更美好

微生物对人类生活有哪些影响 / 54

微生物油脂——食用油脂新资源 / 57

制醋高手——醋酸梭菌 / 60

甲烷菌——水底气源 / 62

Ch5 65 微生物与地球环境

一起"品尝"微生物 / 66

微生物的利用与开发 / 68

细菌的贡献——基因工程菌 / 70

造福人类的特殊生命——极端微生物 / 72

让绿色循环——微生物燃料电池 / 74

Ch6 77 了解细菌的庐山真面目

不可缺少的海洋细菌 / 78

细菌超强的生存能力 / 81

战功累累的放线菌 / 83

真菌——微生物中最大的家族 / 86

发霉的真菌——霉菌 / 91

最容易被真菌感染的食物 / 93

目录
Contents

Ch7 95 微生物中的暗流——可怕的病毒

人类健康头号杀手——传染病 / 96

病毒防火墙——疫苗 / 99

与病毒抗争——牛痘与天花 / 101

动物的感冒——禽流感 / 104

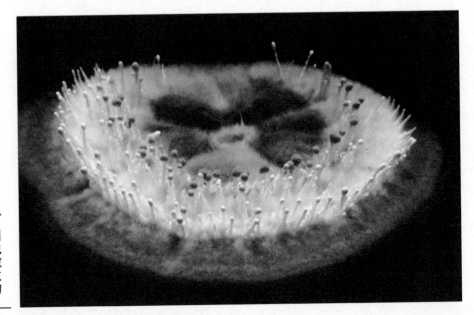

图说经典百科

第 一 章

探寻微生物的世界

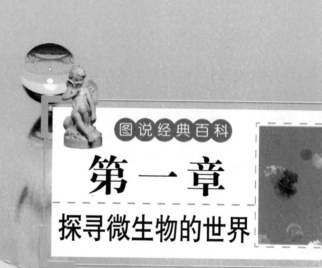

　　微生物在生物界级分类中占有极其重要的地位。从进化的角度来看，微生物是一切生物的老前辈。如果把地球的年龄浓缩为一年的话，则微生物约在3月20日诞生，而人类约在12月31日下午7时许出现在地球上。这就是神奇的微生物世界。

地球上最早的"居民"

　　微生物虽小，但它们和人类的关系非常密切。有些对人类有益，是人类生活中不可缺少的伙伴；有些对人类有害，对人类生存构成威胁；有的虽然和人类没有直接的利害关系，但在生物圈的物质循环和能量流动中具有关键作用。

地球上最微小的生命

　　到目前为止，绿色的地球是唯一为人类所认知的一块生命栖息地。在地球上的陆地和海洋中，与人类相依相存的是另一个缤纷多彩的生命世界。在这个目前对人类而言仍有太多未知的生命世界里，除了我们熟知的动物和植物，还有一个神秘的群体。它们太微小了，以至于用肉眼都看不见或看不清楚，它们的名字叫微生物。

　　微生物是地球上最早的"居

民"，第一个单细胞"居民"出现在35亿年前。假如把地球演化到今天的历史浓缩为一天，地球诞生是24小时中的零点，那么，地球的首批居民——厌氧性异养细菌在早晨7点钟降生；午后13点左右，出现了好氧性异养细菌；鱼和陆生植物产生于晚上22点；而人类则在这一天的最后一分钟才出现。

❖ 无所不吃

　　微生物之所以能在地球上最早出现，又延续至今，与它们特有的食量大、食谱广、繁殖快和抗性高等特征有关。个儿越小，"胃口"越大，这是生物界的普遍规律。微生物的结构非常简单，一个细胞或者分化成简单的一群细胞，就是一个能够独立生活的生物体，承担了生命活动的全部功能。它们个儿虽小，但整个体表都具有吸收营养物质的机能，这就使它们的"胃口"变得分外大。如果将一个细菌在一小时内消耗的糖分换算成一个人要吃的粮食，那么，够这个人吃500年。微生物不仅食量大，而且无所不"吃"。地球上已有的有机物和无机物都贪吃不厌，就连化学家合成的最新最复杂的有机分子，也都难逃微生物之口。

显微镜下的世界

地球诞生至今已有46亿多年，最早的微生物35亿年前就已经出现在地球上，人类出现在地球上则只有几百万年的历史。微生物与人类"相识"甚晚，人类认识微生物只有短短的几百年。1676年，荷兰人列文·虎克用自制的显微镜观察到了细菌，从而揭示出一个过去从未有人知晓的微生物世界。

当它们形成菌落

虽然我们用肉眼看不到单个的

微生物细胞，但是当微生物大量繁殖，在某种材料上形成一个大集团时，或者把微生物培养在某些基质上，我们就能用肉眼看到它们了。我们把这一团由几百万个微生物细胞组成的集合体称为菌落。例如腐坏的馒头和面包上长的毛、烂水果上的斑点、皮鞋上的霉点、皮肤上的癣块等，就是由许多微生物形成的菌落。

为什么微生物没有灭绝

微生物具有极强的抗热、抗寒、抗盐、抗干燥、抗酸、抗碱、抗缺氧、抗压、抗辐射及抗毒物等能力。因而从1万米深、水压高达1140个大气压的太平洋底到8.5万米高的大气层，从炎热的赤道海域到寒冷的南极冰川，从高盐度的死海到强酸和强碱性环境，都可以找到微生物的踪迹。

↓被细菌污染了的树

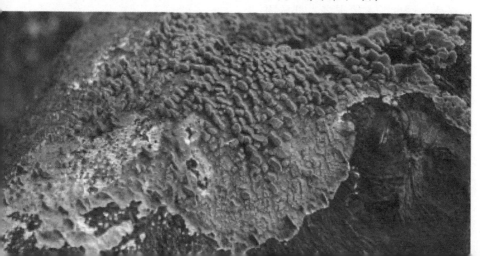

有些微生物曾经"厌氧"

46亿年前地球诞生了，可最早的生命形式究竟是在什么时候出现的呢？一般认为大约是在40亿至35亿年前出现的。1977年，美国哈佛大学的化石专家巴洪在南非发现了34亿年前的岩石中含有细菌的化石。因此，大约35亿年前，地球上肯定已经出现了生命。

曾经的地球没有氧气

人类靠呼吸空气中的氧气而生活，如果没有氧气，人类就会窒息而死。因此，大概很多人都认为氧气对任何生物而言都是至关重要的。然而远古的地球大气中不含氧气，而且实际上，细菌中有很多种类一旦呼吸氧气就不能存活。像这样的细菌，因为讨厌现在地球的含氧空气，所以被命名为厌氧菌。此外，原生物、真菌中也有一些种类不需要氧气。

蓝细菌带来的"地球公害"

35亿年前，最早出现的细菌就是厌氧菌。此后，在这些厌氧菌中间，出现了像现在的蓝细菌一样能够进行光合作用的细菌。蓝细菌是蓝藻中一个原始的种类，它漂浮在海面上生活。它和植物一样利用光能进行光合作用，把二氧化碳和水转化成有机物等营养物质，在这个过程中便会产生氧气。蓝细菌的出现，使20亿年前地球上的氧逐渐增多了，不仅是海水中的氧，大气中的氧也开始增加，但同时这也是地球上最早的大规模公害。

在有氧环境中进化

蓝细菌的出现使地球面临着首次出现的重大危机，很多生物因此而死亡了。幸运的是地球上的所

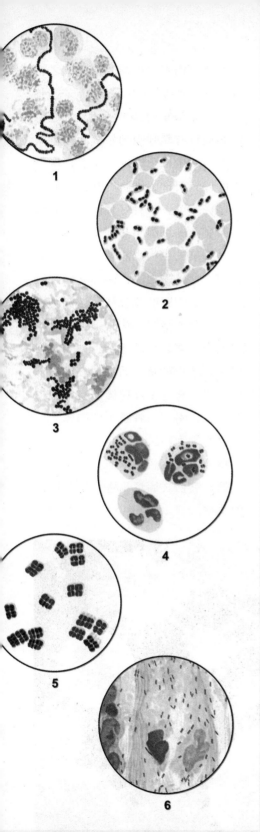

1

2

3

4

5

←利用氧气进化产生
的好氧菌

6

有生物还不至于全部灭绝，其中进化出了能够利用氧的细菌，人们根据它们喜欢氧而命名为好氧菌。地球上仍然还有些地方氧气无法进入，如地面以下很深的地方可能就没有氧气。在这样的地方，古细菌勉强地幸存了下来。

好氧菌带来"进化革命"

在地球上的氧逐渐扩散、古细菌类生物陷入危机之前，生物主要是通过发酵的方法从养分中获得能量的。这是现在的许多厌氧菌、酵母菌等采用的方法，如酸奶就是使用乳酸杆菌发酵牛奶而制成的，啤酒等的酿造也是利用酵母分解养分而产生酒精。

但是，能积极地利用氧而进化产生的好氧菌，采用的是一种全新的方法——有氧呼吸来制造能量。这种方法较之发酵，可以从等量的养分中制造更多的能量，是一种非常有效的方法。因此，这种新进化而来的好氧菌在地球上以爆发之势增加了起来。

由于好氧菌的繁荣，古细菌虽然躲避了氧而勉强幸存下来，但在这期间也完成了两项重大的"发明": 一是细胞中产生了具有核膜的细胞核, 为了不让重要的DNA物质受损伤, 核膜将它们完全包裹在细胞核中; 二是细胞具有了把其他细胞吞噬入自己体内的能力, 也就是能把好氧菌和蓝细菌等吞噬到自己的细胞内。

"共生"的好氧菌与厌氧菌

希腊神话中有这样一个故事: 第二代的大神克洛诺斯把自己的孩子一个接一个地吞噬掉。著名的宙斯是第三代的大神, 他也是克洛诺斯的孩子, 也曾被他的父亲吞噬过一次, 但是他成功地逃脱了出来。真核生物的祖先也吞噬后来进化产生的好氧菌和蓝细菌, 所以有的

学者就根据克洛诺斯的神话称之为"克洛诺赛特"。

这里最重要的事件就是吞噬了能够进行有氧呼吸的好氧菌。根据细胞内共生进化学说的观点, 这个事件被专门称为细胞内共生。大约在15亿年前, 某种好氧菌被吞噬到了厌氧菌的细胞中并开始了共生, 原本厌氧的生物也能够在有氧的环境中生存了。之后, 被吞噬的好氧菌变成了细胞的线粒体。这样产生了镶嵌状的细胞, 这种细胞就是原生生物、真菌、动物、植物的共同祖先, 这也就是此后各种各样进化的根源。获得了线粒体的真核生物的细胞, 不久又吞噬了蓝细菌。在自己的细胞内进行光合作用获取营养物质, 对真核生物而言是非常适合的, 它们之后逐步进化成了现在的植物。

↓细胞变异

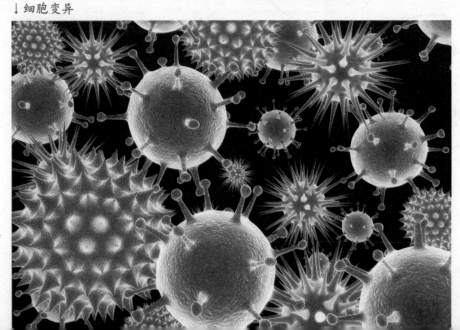

地球的化学化石
——古生菌

微生物是所有微小生物的统称。按流行的三域分类观点，微生物包括古生菌域和细菌域的全部以及真核生物中的真菌界、原生生物界的所有生物。而古生菌成为和细菌域、真核生物域并驾齐驱的三大类生物之一，只是30年前的事。

黄石公园的发现

最先被发现喜好高温的古生菌来自美国黄石公园。古生菌的生活环境常常是极端环境，即普通常见的生物很难生存的高温、强酸强碱或盐浓度很高的环境中。例如温度超过100℃的深海地表的裂缝处、温泉以及极端酸性或碱性的水中。它们还存在于牛、白蚁和海洋生物的体内，并且在那里产生甲烷；它们生长在没有氧气的海底淤泥中，甚至生长在沉积在地下的石油中。

某些古生菌在晒盐场上的盐结晶里都能生存。

化学化石——判断古生菌与细菌

要证明古生菌的生存环境类似地球形成的早期，最好是找到古老地质年代的化石遗存。探寻古生菌化石面临许多难题，首先它们是很微小的生物，因此留下的是显微化石，科学家必须花费很多时间去加工样品，还要耐心地去看显微镜。而更麻烦的是，如果发现了纤维生物的化石，怎样去区分古生菌和细菌的化石呢？

古生菌和细菌的形状、大小相似，因此根据外形不容易确定，要靠这些微小生物在显微镜下的化学成分才能判断并得出结论。合乎要求的是某种只存在于某一类生物中的化合物，例如只存在于古生菌中，而不存在于细菌或真核生物中的那些化合物，同时这些化合物

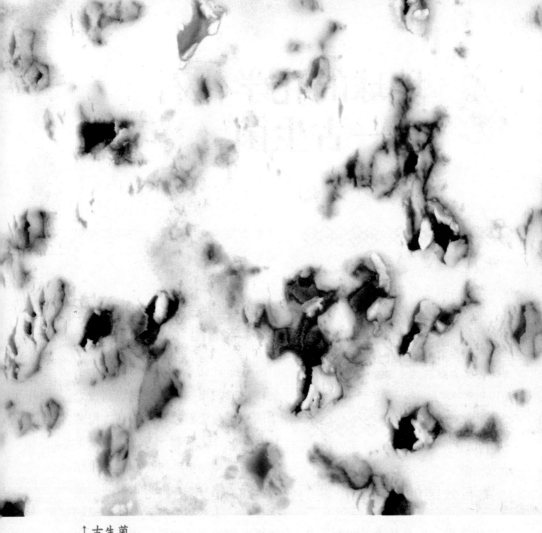

↑ 古生菌

在过去亿万年中不容易发生分解作用，即使发生了分解，分解产物也应该是可以预测的化合物。

古生菌的"化学指纹"

古生菌细胞里含有特征性的类异戊二烯化合物链，它们不容易被高温分解，因此成了一种表明古生菌存在的很好的化学标记。德国科学家在古老的岩石中发现了这种化合物，据推测很可能是甲烷菌留下的。在西格陵兰岛的某些地方存在大约38亿年前的古老的沉积层，其中就留下了古生菌的"化学指纹"，所以这是证明古生菌出现在地球形成后的第一个10亿年的证据。

活了三万年的太古菌

美国科学家在一块盐晶中发现了存活3万多年之久的细菌，这是迄今为止有关生物体长期生存的最具说服力的例证。

"万岁"细菌——太古菌

"太古菌"是生活在亿万年前的细菌，如今还存活在世界上。太古菌落可以借助盐晶内的液体生长，而盐晶的历史也可追溯至3.4万年前。美国夏威夷大学微生物学家布莱恩·舒伯特及同事对从加利福尼亚州"死亡谷"提取的沉积岩心中的盐晶进行了研究。这些盐晶中含有微小的液体袋状物，舒伯特的研究小组发现，太古菌落能依靠这些液体的样本存活。

而中国科学家也曾对此进行研究，他们发现在地下2000米深处的极端条件下，仍然"生活"着大量微生物。

为什么太古菌能活那么久

细菌为何能存活如此长的时间呢？舒伯特解释说，这是因为微生物极具多变性。微生物受环境条件制约很大，环境的改变极易导致微生物的改变，而这许多变异又往往能以稳定的形式遗传下去，这样就产生了新的微生物种类。而这些新种类的微生物恰能适应新的环境要求。通过这种方式，微生物在自然界中变得游刃有余了，而不致被动挨打，遭受灭顶之灾。每个含有活太古菌的晶体里面还存在名为杜氏藻的盐湖藻类的死亡细胞。而死亡细胞内含有高浓度甘油，当甘油从死亡细胞中渗出来后，太古菌就能以此为生。

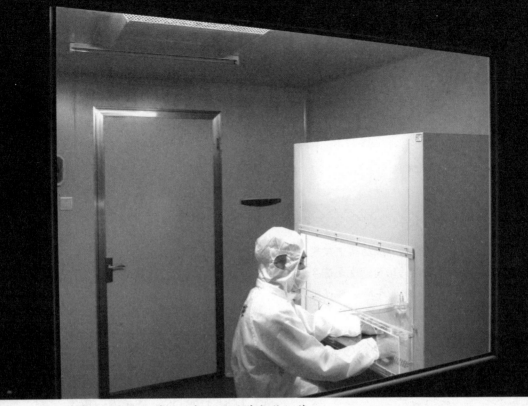

↑通过了解古细菌，人们开始培养各种细菌

对于太古菌来说，杜氏藻细胞是一种营养极为丰富的食物，能使它们存活长达3万多年。据舒伯特估计，单单一个杜氏藻细胞所含有的甘油就足以满足太古菌最少1.2万年的生存需要。

顽强的古老细菌

古老细菌可以在恶劣、冰冻的环境中生存近50万年。科学家们迄今为止已经从存活细胞中获取了能独立鉴定出的最古老DNA，也为更好地理解细菌老化过程提供了线索。

研究人员维勒斯说："如果这些古老细菌可以在地球上生存50万年，那么它们也很有可能在火星上存活很长时间。永久冻土会是火星上寻找生物的极好地方。这些杜氏藻的细胞是能修复DNA的活跃细胞，以应对不断退化的染色体组。染色体组是对生命极其重要的遗传物质。人类也是这样。"虽然科学家们至今尚不了解促使杜氏藻细胞持续修复的机制，不过维勒斯说："杜氏藻通过吸收永久冻土中氮和磷酸盐这样的养分而存活。"

庞大的微生物世界

微生物是地球上生物多样性最为丰富的资源。微生物的种类仅次于昆虫，是生命世界里的第二大类群。然而由于微生物的微观性以及研究手段的限制，许多微生物的种群还不能分离培养，其中已知种占估计种的比例仍很小。

解代谢类群，没有微生物的活动，地球上的生命是不可能存在的。它们是地球上最早出现的生命形式，其生物多样性在维持生物圈和为人类提供广泛而大量的未开发资源方面起着主要的作用。

微生物的多样性包括所有微生物的生命形式、生态系统、生态过程以及有关微生物在遗传、分类和生态系统水平上的知识概念。

◆ 假如没有微生物

微生物是生物中一群重要的分

◆ 人类知道多少种微生物

与高等生物相比，微生物的遗

↓ 微生物的世界

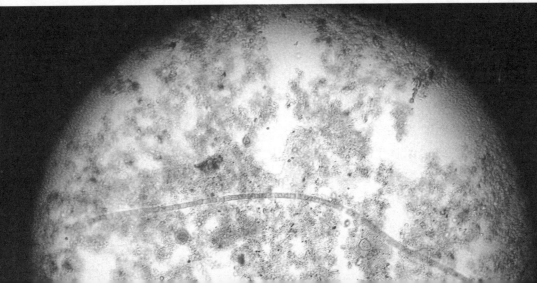

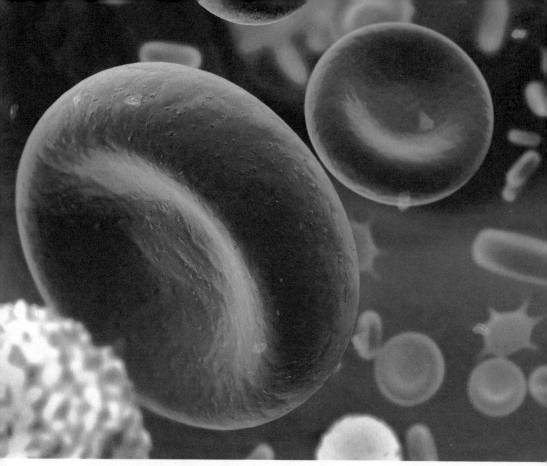

↑人体血液中也有大量的微生物

传多样性表现得更为突出，不同种群间的遗传物质和基因表达具有很大的差异。全球性的微生物基因组计划已经展开，它必然将一个崭新的、全面的和内在的微生物世界展现在人们面前。

物种是生物多样性的表现形式，与其他生物类群相比，人类对微生物物种多样性的了解最为贫乏。以原核生物界为例，除少数可以引起人类、家畜和农作物疾病的物种外，人类对其他物种知之甚少。人们甚至不能对世界上究竟存在多少种原核生物做出大概的估计。真菌是与人类关系比较密切的生物类群，目前已定名的真菌约有8万种，但据估计地球上真菌的数量约为150万种，也就是说人们已经知道的真菌仅为估计数的5%。

微生物的多样性除物种多样性外，还包括生理类群多样性、生态类型多样性和遗传多样性。

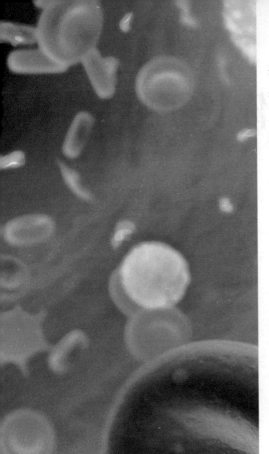

类多，仅大肠杆菌一种细菌就能产生2000—3000种不同的蛋白质。在天然抗生素中，有2/3（超过4000种）是由放线菌产生的。

微生物与生物环境间的作用

微生物与生物环境间的相互关系也表现出多样性，主要有互生（和平共处，平等互利或一方受益，如自生固氮菌与纤维分解细菌）、共生（相依为命，结成整体，如真菌与蓝细菌共生形成地衣）、寄生（敌对，如各种植物病原菌与宿主植物）、拮抗（相克、敌对，如抗生素产生菌与敏感微生物）和捕食（如原生动物吞食细菌和藻类）等关系。

微生物的生理代谢

微生物的生理代谢类型之多，是动植物所不及的。微生物有着许多独特的代谢方式，如自养细菌的化能合成作用，厌氧生活，不释放氧的光合作用，生物固氮作用，对复杂有机物的生物转化能力，分解氰、酚、多氯联苯等有毒物质的能力，抵抗热、冷、酸、碱、高渗、高压、高辐射剂量等极端环境的能力以及病毒的以非细胞形态生存的能力等。微生物产生的代谢产物种

中国微生物已知物种数与世界已知物种数的比较

中国已知微生物

病毒：40050008

细菌：500476010

真菌：80007200011

世界已知微生物

病毒：50001300004

细菌：47604000012

真菌：7200015000005

微生物让你长了蛀牙

为什么会有虫牙?虫牙,也叫蛀牙,我们在医学上称其为"龋齿",就是牙齿出现腐烂变黑的现象。蛀牙很大程度上受我们生活方式的影响,如我们吃什么食物,是否注意保持口腔的清洁,我们的饮用水和牙膏中是否含有氟化物,这些因素都决定我们是否会患上蛀牙。此外,是否易生蛀牙也可能受遗传因素的影响。

虫牙是怎样开始侵蚀你的牙齿的

牙齿为什么会腐烂变黑,就是因为口腔内的细菌侵蚀牙齿的薄弱部位,导致牙齿表面变软、腐烂,进而出现牙洞。人体的口腔是一个混合感染的环境,存在着各种各样可以破坏牙齿的细菌,当我们进食后食物残留在口腔环境中,就为这些细菌提供了营养物质。在达到合适的湿度、温度和营养物质条件下,各种细菌迅速繁殖、滋生。同时,这些细菌利用食物中所含的糖为底物合成细胞外多糖并产生酸,使牙齿脱矿,形成龋洞。

微生物让你有了虫牙

约距今4000年之前,就有虫子在虫牙中吃东西、打洞的说法了,但是这种说法在18世纪被否定了。到了1890年,科学家终于在充满细菌的口腔残渣中提取出来一种酸,并且认定这种酸可以腐蚀牙齿。

蛀牙的形成有一定条件:牙齿排列不齐,蛀牙细菌正在旺盛地活动,爱吃甜食,不经常清理牙垢。

口腔里的微生物

人的口腔里至少有120多种细菌,很多人都超过了350种。细菌能黏在牙齿的表面上,其体内有一种像糨糊一样的多糖慢慢形成,并开始繁殖。在没有刷牙的状态下,用指甲从牙齿的表面刮出像奶酪一样的黏着物就是细菌。

当这种细菌中的糖以及碳水化合物开始发酵，并且产生酸之后，这种酸开始慢慢变成坚硬的石灰型，牙齿的内部渗透出的光亮经过复杂地反射，使其最后形成了白浊色。

这种过程反复进行的时候，也就形成了蛀牙。

拓展阅读

虫牙是龋齿的俗称，被世界卫生组织（WHO）列为世界三大疾病之一，发病率很高。中国有近4亿人患虫牙，虫牙数高达10亿个，是世界上患虫牙最多的国家。口腔内的细菌侵蚀牙齿的薄弱部位，导致牙齿表面出现牙洞，进而吃甜食时发酸、疼痛；直至牙齿"神经发炎"，表现为剧烈的疼痛。一个成年人口内32颗牙齿中，颗颗牙齿均可得病，且一颗牙齿中又可以有几处龋坏。虫牙能降低人的咀嚼功能，妨碍消化，久而久之，使病者容易得胃病。龋齿按破坏程度，可分为浅、中、深龋；按病变类型，又分急性、慢性、静止、继发龋四种。

↓龋齿

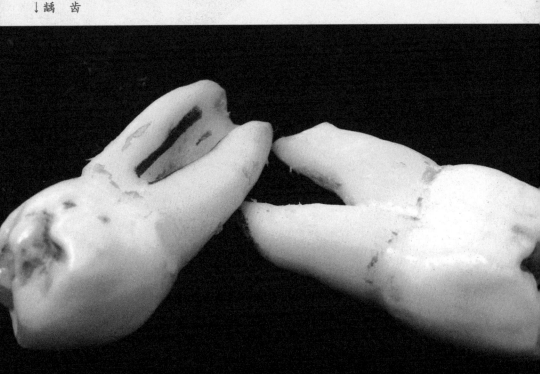

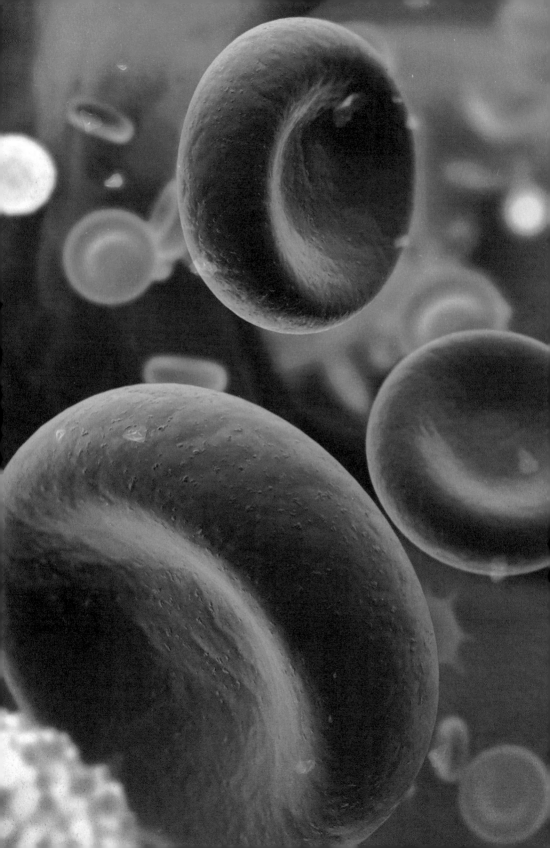

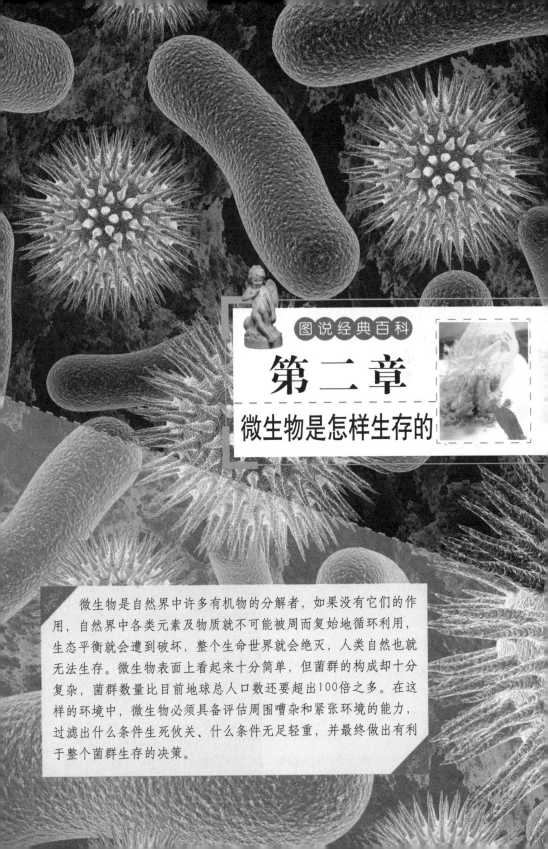

图说经典百科

第 二 章

微生物是怎样生存的

微生物是自然界中许多有机物的分解者，如果没有它们的作用，自然界中各类元素及物质就不可能被周而复始地循环利用，生态平衡就会遭到破坏，整个生命世界就会绝灭，人类自然也就无法生存。微生物表面上看起来十分简单，但菌群的构成却十分复杂，菌群数量比目前地球总人口数还要超出100倍之多。在这样的环境中，微生物必须具备评估周围嘈杂和紧张环境的能力，过滤出什么条件生死攸关、什么条件无足轻重，并最终做出有利于整个菌群生存的决策。

微生物的特征

在生命世界中，各种生物的体形大小相差极大。如植物中的红杉高达350米，动物中的蓝鲸长达34米。而我们今天知道的最小微生物是病毒，如细小病毒的直径只有20纳米（1纳米为百万分之一毫米）。微生物一般指体形在0.1毫米以下的小生物，个体微小的特性使微生物获得了高等生物无法具备的五大特征，即体积小面积大、吸收多转化快、生长旺繁殖快、适应强变异频、分布广种类多。

体积小，面积大

微生物的个体极其微小，必须借助显微镜放大几倍、几百倍、上千倍，乃至数万倍才能看清。表示微生物大小的单位是微米（1米 = 10^6微米）或纳米（1米 = 10^9纳米）。

以细菌中的杆菌为例可以形象地说明微生物个体的细小。杆菌的宽度是0.5微米，80个杆菌"肩并肩"地排列成横队，也只是一根头发丝横截面的宽度。杆菌的长度约2微米，故1500个杆菌头尾衔接起来也仅有一颗芝麻那么长。

我们知道，把一定体积的物体分割得越小，它们的总表面积就越大，可以把物体的表面积和体积之比称为比表面积。如果把人的比表

↓微生物爆炸式的繁殖

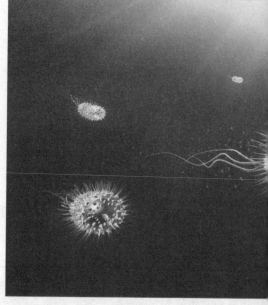

面积值定为1，则大肠杆菌的比表面积值可高达30万。小体积大面积是微生物与一切大型生物在许多关键生理特征上的区别所在。

吸收多，转化快

由于微生物的比表面积大得惊人，所以与外界环境的接触面特别大，非常有利于微生物通过体表吸收营养和排泄废物，这就导致它们的"胃口"十分庞大。而且，微生物的食谱又非常广泛，凡是动植物能利用的营养，微生物都能利用，大量的动植物不能利用的物质，甚至剧毒的物质，微生物照样可以视为美味佳肴。如大肠杆菌在合适的条件下，每小时可以消耗相当于自

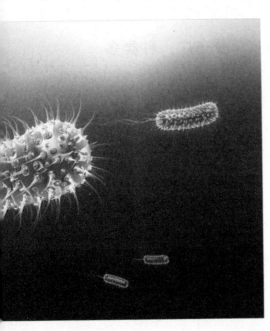

身重量2000倍的糖，而人要消耗这些糖则需要40年之久。如果说一个50千克的人一天吃掉与体重等重的食物，恐怕没人会相信。

我们可以利用微生物这个特性，发挥"微生物工厂"的作用，使大量基质在短时间内转化为大量有用的化工、医药产品或食品，为人类造福，使有害物质化为无害，将不能利用的物质变为植物的肥料。

生长旺，繁殖快

微生物以惊人的速度"生儿育女"。例如大肠杆菌在合适的生长条件下，20分钟左右便可繁殖一代，每小时可分裂3次，由1个细菌变成8个。每昼夜可繁殖72代，由1个细菌变成4722366500万亿个（重约4722吨）；经48小时后，则可产生约4000个地球之重的后代。

当然，由于种种条件的限制，这种疯狂的繁殖是不可能实现的。细菌数量的翻番只能维持几个小时，不可能无限制地繁殖。因而在培养液中繁殖细菌，它们的数量一般仅能达到每毫升1亿—10亿个，最多达到100亿。尽管如此，它们的繁殖速度仍比高等生物高出千万倍。

↑人类可以培育和改良微生物

微生物的这一特性在发酵工业上具有重要意义，它可以提高生产效率，缩短发酵周期。

适应强，变异频

微生物对环境条件，尤其是恶劣的"极端环境"具有惊人的适应力，这是高等生物所无法比拟的。例如多数细菌能耐0℃到−196℃的低温；在海洋深处的某些硫细菌可在250℃到300℃的高温条件下正常生长；一些嗜盐细菌甚至能在饱和盐水中正常生活；产芽孢细菌和真菌孢子在干燥条件下能保存几十年、几百年甚至上千年。耐酸碱、耐缺氧、耐毒物、抗辐射、抗静水压等特性在微生物中也极为常见。

微生物个体微小，与外界环境的接触面积大，容易受到环境条件的影响而发生性状变化（变异）。尽管变异发生的机会只有百万分之一到百亿分之一，但由于微生物繁殖快，也可在短时间内产生大量变异的后代。正是由于这个特性，人们才能够按照自己的要求，不断改良应用在生产上的微生物，如使青霉素生产菌的发酵水平由每毫升20单位上升到近10万单位。利用变异和育种，使产量得到如此大幅度的提高，在动植物育种工作中简直是不可思议的。

分布广，种类多

虽然我们不借助显微镜就无法看到微生物，可是它在地球上几乎无处不在，无孔不入，就连我们人体的皮肤上、口腔里，甚至肠胃里，都有许多微生物。85千米的高空、11千米深的海底、2000米深的地层、近100℃（甚至300℃）的温泉、−250℃的环境，这些都属于极端环境，均有微生物的存在。

微生物是怎么生长的

微生物细胞在合适的环境条件下，会不断获取外界的营养物质。这些营养物质在细胞内发生各种化学变化，有些被作为能源消耗了，有些变成了细胞自身的结构组织，如果变成细胞组织的物质多于被消耗掉的物质，细胞物质的总量就会不断增加，细胞个体就会长大，在达到一定程度时，就会繁殖，即由一个细胞变成两个，两个变成四个……最后发展成一个群体。

微生物惊人的繁殖速度

微生物的生长繁殖速度是惊人的。我们知道，高等生物完成一个世代交替的周期要几年甚至几十年，而微生物完成世代交替只需要几分钟。细菌增殖的方式是二分裂法，即以2^n递增，拿大肠杆菌来说，大肠杆菌在适宜温度时20分钟即形成一代，24小时则繁殖72代。当然，因为地球上任何生物都要受到物质条件及其他相关条件的制约，不可能无限繁殖，不过，也确实由于许多致病微生物有着惊人的繁殖速度，才使得我们的医疗手段在它们面前无能为力。

细菌如此，其他微生物也是如此。更有甚者是病毒，它们增殖的方法是复制，就像我们翻录磁带一样。病毒在它们所寄生的细胞中，只需按照自己的模样，利用细胞中的各种原料和酶无休止地复制后代个体，直到被寄生的细胞变成空壳为止。至此，它们从这细胞中破壳而出，一次出来就是上亿个病毒！然后再分别去感染临近的其他细胞，复制新一代的个体。如此，在极短的时间内就可产生数量极多的后代，这也是高等生物自叹弗如的。正是微生物有这样神奇的本领，才得以在地球漫长的演化过程中保存下来，而许多较高等的生物却只能在地球上走过短短的进化年

↑腐烂苹果上的微生物在滋长

代便销声匿迹了。

到哪里获取营养成分

　　营养是微生物生长的先决条件。在自然界中，微生物从其生存环境中获取生长所需的各种营养成分。在土壤中，各种有机质是异养微生物——细菌、放线菌、霉菌生长所需的碳源和能源。在茂密的丛林中，枯枝败叶是各种土著微生物赖以生长的天然粮库。许多大型真菌生活在草地上、树干上，甚至腐木上，有些则与树木的根部共生，它们的营养方式为腐生、寄生，或二者兼而有之。

微生物也在相互"竞争"

　　面对饥饿或病毒，微生物会做出什么反应呢。一部分微生物会形成孢子，将DNA（脱氧核糖核酸）封闭起来，使母细胞死亡，这确保了整个菌群的生存。一旦威胁消除，孢子萌发，菌群重新生长繁殖。在此过程中，微生物还要选择是否进入一种"竞争"状态，即通过改变细胞膜，以更容易吸收来自邻近其他死亡细胞的物质。如此一来，在生存压力消失后，这些微生物可以更快地恢复正常生活。雅各布教授认为，这是一个艰难的选择，甚至可以说是一场赌博，因为只有当其他微生物进入到孢子休眠状态时，形势才对进入到"竞争"状态的微生物有利。观测显示，只有约10%的微生物进入到"竞争"状态。为什么不是所有的微生物同时进入到"竞争"状态呢？这是因为微生物不会向自己的同伴隐瞒自己的意图，也不会说谎或推诿，它们之间可通过发送化学信息来传递个体的意图。个体微生物根据所面对的生存压力、同伴的处境、有多少细胞处于休眠状态以及有多少细胞处于"竞争"状态，来仔细权衡，最终决定个体的状态。

对环境的适应

我们知道，鸡蛋只有在适合的

温度下才能孵化成小鸡，这是因为在细胞中进行的生物化学反应是生命活动的基础，而这些反应需要在一定的温度下进行。对于大多数微生物来说，温度太低，不能进行营养物质的运输，也不利于各种生命过程的进行。在温度适当升高时，细胞内的生物化学反应速度加快，就能加速微生物的生长。当温度超过微生物所能忍受的极限时，就会导致其死亡。

当然，由于自然界的环境与生物种类的多样性，有些微生物能够在一般生物所不能生存的环境条件下生长，例如生活在南极和北极地区的嗜冷微生物、生活在高温环境中的嗜热微生物以及生长在热泉和火山喷口地区的嗜高热微生物等。

↓实验室里的细菌培养实验

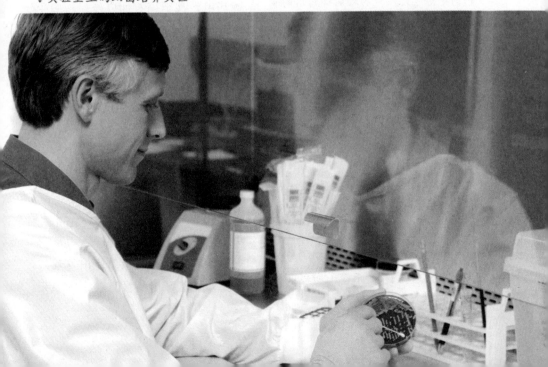

微生物的营养来源

人要吃饭，动物要猎食，庄稼要施肥，这是因为生命需要从外界取得进行生命活动的原料和燃料。用生物学家的话来说，生物为了生命活动而从外界获取需要物质的过程就是获取营养，获取营养是生物的基本功能。微生物是有生命的物体，营养同样是其进行生命活动的基础。微生物需要的营养和人对营养的需要没有本质的区别，但可以提供给微生物作食物的东西可比人或动物能够利用的食物种类多得多。微生物需要的营养要素可分为六大类，即碳源、氮源、能源、无机盐、生长因子和水。

◆ 碳源

人要吃米饭、馒头或面包，这些食品的主要成分在化学上叫作碳水化合物，因为这些化合物的分子中含有比较多的碳元素，所以叫作碳源。它也是微生物食物中的一种主要口粮，因为微生物细胞中的许多成分都是由碳元素构成的，同时碳源又为微生物提供能量，供它们运动和进行各项生命活动。能被各种微生物利用的碳源种类极多，从简单的无机含碳化合物（如二氧化碳、碳酸盐等）到比较复杂的有机物（如糖类、醇类、酸类等），更为复杂的有机大分子，如蛋白质、核酸等，都能被微生物作为碳源分解利用，甚至连石油以及对一般生物有毒的腈类化合物、二甲苯、酚等也能被一些微生物用作碳源。不过，有的微生物所能利用的碳源种类极其有限，例如甲基营养细菌只能利用简单的有机化合物甲醇和甲烷作为碳源。

◆ 氮源

人需要吃肉或喝牛奶，其中主要含有蛋白质，蛋白质由氨基酸组成，氨基酸里面含有较多的氮元

素，所以这类营养叫作氮源。微生物能利用的氮源种类也比人或植物要多，动植物能利用的氮源微生物都能利用，而一般植物和动物不能利用空气中的氮气，微生物也能利用。氮源给微生物提供生长繁殖时合成原生质和细胞其他结构的原材料。缺少氮源，微生物就难以生长，就像长期缺少蛋白质营养的儿童长不高一样。氮源一般不作为微生物的能源，但是有些细菌，例如硝化细菌能利用铵盐、亚硝酸盐作为氮源和能源。

◆ 能源

能源是提供微生物生命活动所需能量的物质。例如太阳光的光能就是许多可以进行光合作用细菌的直接能源。自然界中的不少物质，如葡萄糖、淀粉等，既可作为碳源，又可作为能源；蛋白质对于某些微生物来说，是具有碳源、氮源和能源三种功能的营养源。至于空气中的氮气，则只能提供氮源，而阳光仅提供能源。

↓微生物的营养来源

↑食物成为微生物的营养来源

生长因子

　　人和动物需要维生素，许多微生物也需要维生素。维生素是微生物自身不能合成的微量有机物质，它们对微生物生命活动也是不可缺少的。例如酵母菌和乳酸菌必须由外界提供生长因子，才能够生长或生长良好。有些微生物，例如大肠杆菌、多数真菌和放线菌能够自行合成生长因子，不需要从外界获得。还有些微生物能产生过量的生长因子，因此可以利用它们来生产维生素，例如人们常常需要补充的维生素B_2（核黄素）就是利用一种酵母菌生产的。

无机盐

　　人需要吃盐、补钙，庄稼需要用草木灰补充钾。与高等生物一样，微生物的生命活动中，除了需要碳源、氮源和能源之外，还需要其他元素，例如硫、磷、钠、钾、镁、钙、铁等，还需要某些微量的金属元素，诸如钴、锌、钼、镍、钨、铜等。上述元素大多是以盐的形式提供给微生物的，因此它们也称为无机盐或矿质营养。这些无机盐是组成生命物质的必要成分，其中有些是维持正常生命活动所必需的，有些则是用于促进或抑制某些物质的产生。

水

　　同一切生物一样，微生物的营养中不可缺少水。水是微生物细胞的主要化学成分之一。生命活动基本上是通过一系列化学反应实现的，这些化学反应绝大多数是在水中进行的。细胞内外物质的交换，通常也是溶解在水中进行的；水还可以维持生命大分子，例如核酸、蛋白质的分子结构稳定性；水还可以参与体内的化学反应，例如水解、水合反应等。

生存在海洋中的微生物

海洋堪称世界上最庞大的恒化器，能承受巨大的冲击（如污染）而仍保持其生命力和生产力；微生物在其中是不可缺少的活跃因素。自人类开发利用海洋以来，竞争性的捕捞和航海活动、大工业兴起带来的污染以及海洋养殖场的无限扩大，使海洋生态系统的动态平衡遭受严重破坏。海洋微生物以其敏感的适应能力和快速的繁殖速度在发生变化的新环境中形成区系，积极参与氧化还原活动，调整与促进新生态平衡的形成与发展。从暂时或局部的效果来看，其活动结果可能是利与弊兼有，但从长远或全局的效果来看，微生物的活动始终是海洋生态系统发展过程中最积极的一环。

海洋循环系统的决定者

海洋中的大部分微生物都是分解者，但有一部分是生产者，因而具有双重的重要性。实际上，微生物参与海洋物质分解和转化的全过程。微生物在海洋无机营养再生过程中起着决定性的作用。某些海洋能自养细菌，可通过对氨、亚硝酸盐、甲烷、分子氢和硫化氢的氧化过程取得能量而繁殖。在深海热泉的特殊生态系中，某些硫细菌是利用硫化氢作为能源而繁殖的生产者。在深海底部，硫细菌实际上负担了全部初级生产。另一些海洋细菌则具有光合作用的能力。不论异养或自养微生物，其自身的繁殖都为海洋原生动物、浮游动物以及底栖动物等提供直接的营养源。这在

↓细菌为海洋生物（如水母）提供营养物质

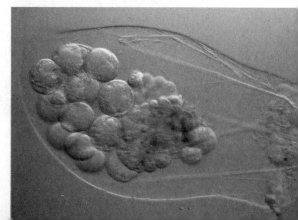

食物链上有助于初级或高级的生物生产。

微生物们各司其职

在海洋动植物体表或动物消化道内往往会形成特异的微生物区系，如弧菌等是海洋动物消化道中常见的细菌，分解几丁质的微生物往往是肉食性海洋动物消化道中微生物区系的成员。某些真菌、酵母和利用各种多糖类的细菌常是某些海藻体上的优势菌群。微生物代谢的中间产物，如抗生素、维生素、氨基酸或毒素等是促进或限制某些海洋生物生存与生长的因素。某些浮游生物与微生物之间存在着相互依存的营养关系。如细菌为浮游植物提供维生素等营养物质，浮游植物分泌乙醇酸等物质作为某些细菌的能源与碳源。

由于海洋微生物富变异性，故能参与降解各种海洋污染物或毒物，这有助于海水的自净化和保持海洋生态系统的稳定。

↓显微镜下"随遇而安"的微生物

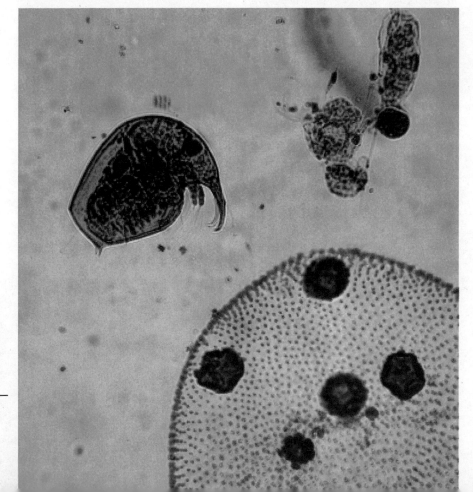

生存在极端环境中的微生物

在自然界中，有些环境是不能使普通生物生存的，如高温、低温、高酸、高碱、高盐、高压、高辐射等。然而，即便是在这些通常被认为是生命禁区的极端环境中，仍然有些微生物在顽强生活着，我们将这些微生物叫作极端环境微生物或简称为极端微生物。

喜欢寒冷的嗜冷菌

在地球的南北极地区、冰窖、终年积雪的高山、深海和冻土地区，生活着一些嗜冷微生物。嗜冷菌适应在低于20℃以下的环境中生活，在温度超过22℃时，其蛋白质的合成就会停止。嗜冷菌的细胞膜内含有大量的不饱和脂肪酸，会随温度的降低而增加，从而保证了膜在低温下的流动性，这样，细胞就能在低温下不断从外界环境中吸收营养物质；另一种嗜冷菌能生长在温度达到30℃的环境中。嗜冷微生物是导致低温保藏食品腐败的根源。

不怕烫的高温菌

嗜热菌俗称高温菌，广泛分布在温泉、地热区土壤、火山地区以及海底火山地等。兼性嗜热菌的最适宜生长温度在50℃—65℃之间，专性嗜热菌的最适宜生长温度则在65℃—70℃之间。在冰岛，有一种嗜热菌可在98℃的温泉中生长。在美国黄石国家公园的含硫热泉中，曾经分离到一种嗜热的兼性自养细菌——酸热硫化叶菌，它们可以在高于90℃的温度下生长。

近年来，这种细菌已受到了广泛重视，可用于细菌浸矿、石油及煤炭的脱硫。在一些污泥、温泉和深海地热海水中生活着能产甲烷的嗜热细菌，其生活的环境温度高，盐浓度大，压力也非常高，在实验室很难被分离和培养。

　　嗜热真菌通常存在于堆肥、干草堆和碎木堆等高温环境中，有助于一些有机物的降解。在发酵工业中，嗜热菌可用于生产多种酶制剂，例如纤维素酶、蛋白酶、淀粉酶、脂肪酶、菊糖酶等。

喜欢吃盐的细菌

　　嗜盐菌通常分布在晒盐场、盐湖、腌制品以及死海中。嗜盐菌能够在盐浓度为15%—20%的环境中生长，有的甚至能在32%的盐水中生长。极端嗜盐菌有盐杆菌和盐球

↓嗜热菌

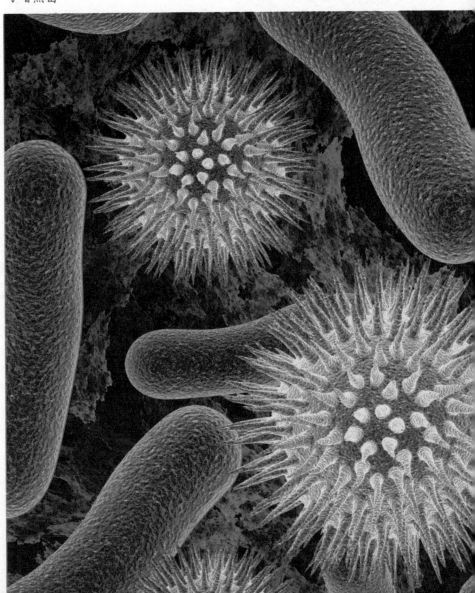

菌，属于古菌。盐杆菌细胞含有红色素，所以在盐湖和死海中大量生长时，会使这些环境出现红色。一些嗜盐细菌的细胞中存在有紫膜，膜中含有一种蛋白质，叫作细菌视紫红质，能吸收太阳光的能量。嗜盐菌能引起食品腐败和食物中毒，副溶血弧菌是分布极广的海洋细菌，也是引起食物中毒的主要细菌之一，它们能通过污染海产品、咸菜等致病。嗜盐菌可用于食用蛋白、调味剂、保健食品强化剂，还可用于海水淡化、盐碱地改造利用以及能源开发等。

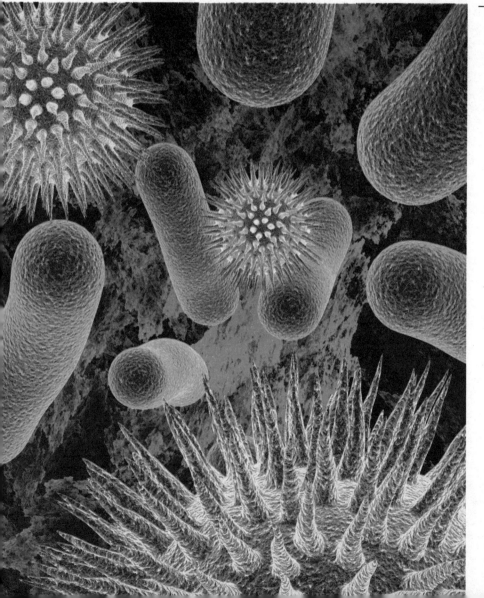

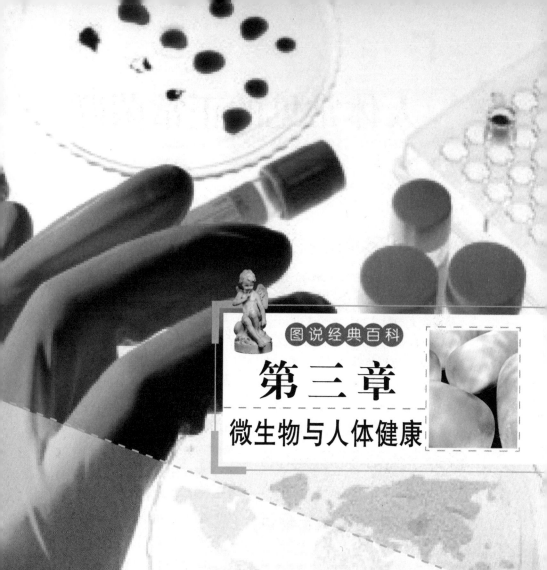

图说经典百科

第三章

微生物与人体健康

　　微生物在自然界中的分布极为广泛，空气、土壤、江河、湖泊、海洋等都有数量不等、种类不一的微生物存在，在人类、动物和植物的体表及其与外界相通的腔道中也有多种微生物存在。我们人类生活在微生物的"海洋"中，时时刻刻与微生物"共舞"，所以微生物与人类的关系非常密切。实际上，我们应当正确看待微生物与人类的关系，微生物既是人类的"敌人"，又是人类的"朋友"，人类应该征服"敌人"，也要加深与"朋友"的友谊，让微生物与人类和平共处。

人体常见的正常菌群

正常的人和动物体上都存在着许多微生物。有人估测过，正常的成年人体内含有的微生物数量可达10^{14}个。而有的动物体内含微生物数量就更多，如反刍动物的瘤胃液中每毫升含有的微生物数量就达10^{13}个之多。这些微生物广泛分布于动物的体表、消化道、呼吸道和泌尿生殖道的管腔中。

人一出生就被微生物包围

正常的胎儿体内是不含有任何微生物的，而当胎儿从母体产出数小时后，就可以在体表和与外界相通的体腔中分离到微生物。这说明，人身体上最初的微生物是婴儿在生产过程和产后与周围环境接触以后，受到母体和周围环境污染而带上的。由于人和动物的体表及与外界相通的管腔连通外界环境，

而外界环境中都有许多微生物的分布。因此，环境中的微生物不可避免地要转移到人及动物体上来。

那么，人体的微生物种群会发生改变吗？

人体中正常的微生物种群不是一成不变的，而是随着年龄、饮食结构的改变，机体状况及环境条件的改变而经常变化。可以说，人及动物体上的正常菌群处于一个动态平衡之中。有时由于各种原因，这种平衡会被打破，表现出病理状况。如人患霍乱时，肠道中正常的厌气性菌数急剧下降，而霍乱弧菌数却同步增加。这些表明，正常菌群建立的动态平衡对动物机体的健康起着多么重要的作用。

微生物群间的关系

在微生物侵入动物机体时，往往不是只有一种或两种微生物，而是许多种微生物同时入侵，哪几种微生物最终能定居到动物体的某

个部位，则完全要看微生物能否适应动物体及该微生物在生存竞争中是否具有优势。因此，在入侵的微生物种群间也存在着激烈的生存斗争，我们现在用来治病的各种抗生素，其实就是微生物为了争取到更大的生存空间和得到更多食物来源而产生的抑制其他微生物生长的物质。

事实上，微生物间的相互关系是复杂的，它们既有生物拮抗的一面，也有相互共生的一面，当它们之间达到生态平衡后，正常的微生物群落也就建立起来了。

微生物与人体的互生

多汗的地方，例如胳肢窝和脚趾缝里微生物也多，通常所说的汗臭味就是由微生物分解汗液造成的。婴儿臀部常容易出现湿疹，这不是因为尿本身刺激皮肤所致，而是由于细菌在残留尿液中生长并产生氨气引起的，因为氨气对皮肤有强烈刺激性。当长期不洗澡或洗脸不认真时，就可能由细菌或霉菌在身上或脸上引起皮疹、发炎，继而

↓人体中含有很多常见菌群

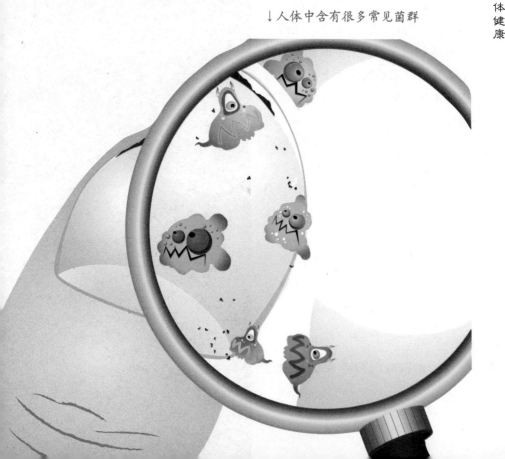

流出大量的脓和污物。当皮肤大面积烧伤或黏膜破损时，葡萄球菌便会侵袭创伤面，进行大量繁殖，从而引起创伤发炎溃烂；当机体着凉或疲劳过度时，在健康人的呼吸道中能分离到肺炎的肺炎链球菌，从而引起咽炎和扁桃体炎。龋齿是牙齿腐坏的一种常见形式，可能主要是由于正常菌群的稳定性被破坏，而由某些厌氧细菌造成的。

正常菌群对宿主的有益作用

从人和动植物的表皮到人和动物的内脏，也都生活着大量的微生物。如大肠杆菌在大肠中清理消化不完的食物残渣，把手放到显微镜下观察，一双普通的手上竟有四万到四十万个细菌，即使是一双刚刚用清水洗过的手，上面也有近三百个细菌。幸好大多数微生物不是致病菌，否则后果将不堪设想。

当正常菌群与人体处于生态平衡时，菌群在它们寄居的人体部位获取营养进行生长繁殖，而宿主也能从这些寄生在他们身上的细菌中得到多种好处。一般来说，有以下几方面：

菌群的营养作用

正常菌群的营养来自宿主组织细胞的分泌液、脱落细胞以及某些腔道中的食物碎屑和残渣等。菌群的代谢产物除供给细菌自身利用外，一部分可以被宿主吸收利用。例如，过去外科医生不太重视肠道正常菌群中的大肠埃希氏菌能合成B族维生素和维生素K的功能，所以在肠道手术后为避免发生感染，常用抗生素作预防性治疗，结果手术后感染是防止了，病人却出现了厌食和贫血等维生素B和维生素K的缺

↓每一滴水中都含有无数细菌

乏症，因为大肠杆菌也被抗生素杀死了。所以现在遇到这类需施行肠道手术的患者，在给予广谱抗生素预防术后感染的同时，必须补充足量的维生素B和维生素K。

菌群起到的免疫作用

在正常菌群的细胞中，有许多成分可以促进宿主免疫器官的发育成熟。有学者曾经做过实验，他们把刚孵化出来的小鸡分成两组，一组放在没有细菌的环境中生活，成为无菌鸡；另一组让它们正常生

活，即带菌鸡。结果发现无菌鸡的小肠和回盲部的淋巴结都要比普通带菌鸡少80%左右。如果将这些无菌鸡暴露在普通有菌的环境中饲养，使之建立正常菌群，则经2周后，它们免疫器官的发育和功能就可与普通鸡相近。此外，有些正常菌群的细胞组分与病原菌的相同，因此，它们能刺激宿主免疫系统产生像抗体一类的免疫物质，这些免疫物质也能对抗相应病原菌的侵袭。

抗衰老作用

现在一般认为，衰老是由于体内积累了过多的有毒化学物质——自由基。双歧杆菌、乳杆菌、肠球菌等肠道正常菌群产生的超氧化物歧化酶，可以催化宿主体内自由基的歧化反应，消除自由基毒性，保护细胞免受活性氧的损伤，因此具有一定的抗衰老作用。

其他作用

肠道正常菌群有一定的抗肿瘤作用。其原因是这些正常菌群能产生多种酶，以降解肠道内致癌物，或可以将致癌物的物质转变成为无害物质。它们还可以激发人的免疫功能，调动处于待命状态的巨噬细胞等人体卫士围歼病原菌。

你的伤口为什么会感染

有了伤口不及时处理，就会感染，一旦感染就是一件很麻烦的事。那么伤口为什么会感染呢？

除了昆虫叮咬或外伤直接将病原菌导入组织或血流引起的感染外，绝大多数的感染是从病原菌黏附到宿主黏膜上皮细胞表面开始的。这是形成感染必需的第一步。例如淋病奈瑟氏菌的菌毛黏附到尿道黏膜上皮细胞表面，而且不能被尿流冲出；大肠埃希氏菌、伤寒沙门氏菌、志贺氏菌等均有菌毛，它们可以牢牢地黏附在肠黏膜上而不受肠蠕动的影响；百日咳鲍特氏菌的菌毛黏附到气管和支气管黏膜的纤毛上皮层，也不会被呼吸道的纤毛运动清除。

细菌是怎样"黏附"上我们的

细菌的黏附作用和它们的致病性有密切关系。例如让志愿参加实验的人口服没有菌毛的肠产毒素型大肠埃希氏菌，不能引起腹泻。在兽医界，已将动物肠产毒素型大肠埃希氏菌的菌毛制成疫苗，对预防新生小牛、小猪由该菌引起的腹泻效果明显。

当病原菌牢固地黏附在易感组织表面后，有的立即在组织表面生长繁殖，引起疾病，但它们并不穿透进细胞，例如霍乱弧菌；有的则进入细胞内生长繁殖，产生毒性物质，致使细胞死亡，从而造成浅表的组织损伤（溃疡），但病原菌不再进一步侵入和扩散，例如引起痢疾的志贺氏菌；还有一些病原菌则通过黏膜上皮细胞或细胞间质进入下部组织或血液中进一步扩散。

不是所有细菌都导致感染

一般情况下，进入宿主体内的病原菌是不多的。如果它们不能迅速繁殖成很大的数量，要想侵犯我

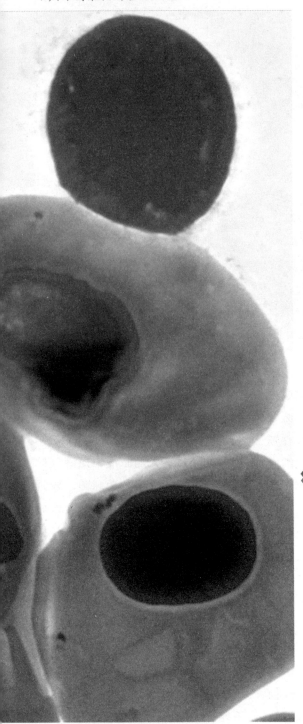

↓病原菌最怕的吞噬细胞

们人体这个跟细菌相比的庞然大物是不大可能的。当病原菌侵入机体后，是否能致病，首先要看该病原菌能否在侵入的部位繁殖，而不同部位的条件是千差万别的。例如破伤风的"梭菌芽孢"随尘土等进入了普通浅表部伤口，由于这种细菌是厌氧菌，而浅表部位不是厌氧微环境，芽孢不能出芽和繁殖，这样就不会引发破伤风病。而奇异变形杆菌易在肾脏内生长，是因为这种细菌能产生尿素酶，可以分解利用尿液中的尿素作为生长的养料。

病原菌与吞噬细胞的抗争

细菌一旦进入机体内，首先遇到的是吞噬细胞。非病原菌很容易被吞噬细胞摄取、消化，并将菌体蛋白质等作为营养来源。但病原菌不同，它们有多种办法来对付吞噬细胞。例如肺炎链球菌、炭疽芽孢杆菌、流感嗜血杆菌等，在它们的菌体外有一层厚度大于2微米的特

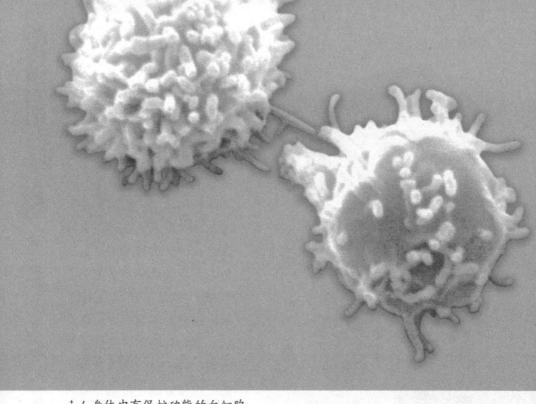

↑人身体中有保护功能的白细胞

殊结构，叫作荚膜，它的化学成分是多糖或多肽，它们能保护病原菌不易被吞噬细胞吞噬，即使被吞噬后亦不易被杀死，反而在吞噬细胞内生长繁殖，致使吞噬细胞死亡。有的学者把不能形成荚膜的肺炎链球菌注射到小鼠腹腔里，即使注射的细菌数量高达数万个，小鼠也安然无恙。原因是注射到腹腔内的病原菌都被腹腔中的巨噬细胞吞噬掉了。

有些病原菌采用其他方式来对付机体的吞噬细胞。例如金黄色葡萄球菌能产生一种凝固酶，这种酶使宿主血浆中本来是液体状态的纤维蛋白原变成固体状态的纤维蛋白，结果使纤维蛋白围绕于病原菌四周，犹如荚膜也能抵抗吞噬作用。如果从病人的脓液、血液等标本中分离、培养出葡萄球菌，要判定它们是否为病原菌时，必须作凝固酶试验，即将人或兔的血浆与从标本中分离出来的菌混合，观察液态血浆是否凝固的实验。伤寒沙门氏菌能产生一种阴性趋化物质，使吞噬细胞不能与之接近；A群链球菌能产生杀白细胞素，病原菌被中性粒细胞吞入后，杀白细胞素立即发挥作用，将吞噬细胞先行杀死。

食用真菌
——美味佳肴

食用菌是指可供食用的大型真菌，如蘑菇、香菇、草菇、平菇、木耳、灵芝、猴头菇等，它们与植物不同，没有叶绿素，不能利用光合作用形成营养物质，而是靠腐生或寄生方式生存。我国已知食用菌不少于850种，能够人工栽培的超过60种，有生产规模的有20多种。

什么是食用菌

食用菌是指以蘑菇为主的食用真菌，风味独特，营养丰富，蛋白质含量较高，氨基酸多达18种，含多种维生素、糖类和矿质元素等。还有一些是具有不同药用价值的保健食品，可人工栽培，繁殖生长快，经济效益高，已受到国内外的广泛重视，近年来生产量、销售量均有大幅度提高。我国大型真菌资源丰富，几乎包括世界上已知的重要食用菌种类。我国对于野生食用菌的驯化栽培、菌丝体培养、香味物质的分离提纯、化学成分分析等都进行了较深入的研究工作。

我国是世界上拥有食用菌品种最多的国家之一。目前已发现的食用菌约有2000多种，专家们估计自然界中食用菌的品种可能达5000种，已有记载的食用菌品种数量为980多种，其中具有药用功效的品种有500种。至今，我国已人工驯化栽培和利用菌丝体发酵培养的达百种，其中栽培生产的有60多种，形成商业生产的有30多种。

树生真菌

树生真菌生长在树干或树桩上，个体常较大，羽状，无毒，分布广。如牛排真菌，常着生在橡树上，顶盖鲜红，肉茎紫红色，圆盖形似一条大舌头，红色菌帽含鲜红汁液，菌肉粗糙，略有苦味，幼苗味道更好。

地生真菌

地生真菌生长于地面土壤中，种类很多，有些种类的毒性非常大。挑选完全纯白色菌肉的幼菇，味道相当鲜美，也可晾干贮存。如鸡油菌，杏黄或卵黄色，漏斗形菌株，直径3—10厘米。外展折叠的菌褶也为黄色。

真菌"皇后"——竹荪

竹荪颜色绚丽多彩，风味独特诱人，营养成分丰富，而且还具有较高的药用功效，因此一举成为当今时代的理想保健珍品。一直以来，竹荪都是我国传统的出口山珍，备受各国朋友的厚爱。

食物界的奇葩

竹荪因其与众不同的特殊品质，在历史上被加封了一个又一个的桂冠，可以说是食用菌之家中载誉最多的一个成员。在法国，人们赞誉它为"林中之王"；在巴西，人们根据它隽秀的神态称它为"面妙女郎"；瑞士一位几十年专门从事真菌研究的专家高尔曼则称它为"真菌之花"；我国的劳动人民称之为"林中郡主"；在俄罗斯，它有一个更美丽的名字：真菌皇后。

营养学家们研究认为，竹荪不仅是肉质滑腻爽口、味道诱人的山珍佳肴，而且是高蛋白、低脂肪的营养及保健佳品。其内含蛋白也容易被人消化吸收，又因其脂肪含量低，故特别适合中老年人或有动脉硬化、心血管疾病的人食用。竹荪优于众多食用菌的奇特之处——浓郁清香，也为广大消费者所青睐。夏季气温升高，吃不完的鱼肉和剩菜往往容易腐败长霉，但要是在烧鱼煮肉的过程中加入一片竹荪，则可起到特殊的防腐作用。我国著名的食品专家强调指出"21世纪人类营养将由动物蛋白质向植物蛋白质发展，而食用菌则最足以与人参、鹿茸、燕窝等山珍海味相媲美"。

像工艺品一样美丽的食物

初次见到竹荪的人，会认为它是一件精细的手工工艺品。乍一看去，菌身呈两色分隔，格外分明，上面是一个黄绿色的菌盖，下

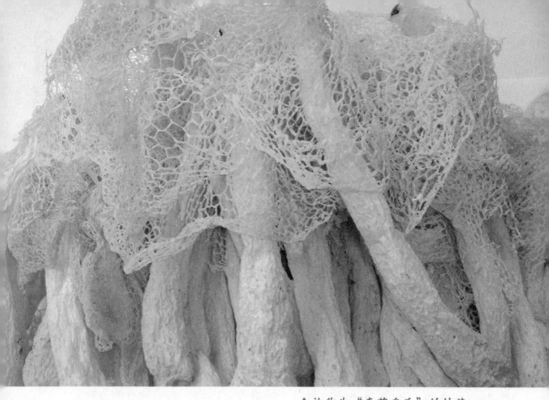

面则是一片洁白的菌裙。如此一幅图画，使人即刻联想起舞台上的舞女，头上戴一顶草帽，身上穿着鱼网眼似的雪白长裙，在台上亭亭玉立的样子。而那些菌柄弯着的，倒像是舞女做了一个微微倾身的姿势。菌裙则网眼点点，透明且有点晶莹闪亮。

"裙子"随"情绪"改变

竹荪最为有趣的是其洁白的"长裙"。在它"害羞"的时候，会把"裙子"收起来，呈收缩闭合状；而在它"高兴"时，则迅速

↑被称为"真菌皇后"的竹荪

将"裙子"放下来，下垂而且伸展开。原来，这是由于菌裙对环境的湿度特别敏感。当湿度不够时，它就迅速地"收紧束带"，以减少水分挥发；而在环境湿度大时，则又"宽衣解带"，一副全然放松的样子。也正因如此，竹荪便被人们称为"天然湿度计"。当竹荪的菌蕾刚刚破土而出的时候，样子十分可爱，呈球形或卵圆形，产区的人们都喜称之为"竹鸡蛋"。一颗小小的竹荪"种子"，从开始生长到完全成熟，仅需要60天左右的时间。由于其生长周期短，经济价值高，因此愈来愈受到大家的喜爱。

乳酸菌——肠道卫士

乳酸菌广泛分布于含有碳水化合物的动植物发酵产品中，也见于温血动物的口腔、阴道和肠道内。该细菌分解糖的能力强，分解蛋白质类的能力极低。中国传统的食品，如泡菜、榨菜、腌菜和酿酒等的制作、保藏技术就是利用了乳酸菌的这一作用。

乳酸菌、双歧杆菌等为代表；对人体健康有害的叫"有害菌"，以大肠杆菌、产气荚膜梭状芽孢杆菌等为代表。

益生菌是一个庞大的菌群，有害菌也是一个不小的菌群。当益生菌占总数的80%以上时，人体则保持健康状态，否则就处于亚健康或非健康状态。科学研究结果表明，以

↓乳酸菌制品

什么是乳酸菌

乳酸菌为益生菌的一种，能够将碳水化合物发酵成乳酸，因而得名。益生菌能够帮助消化，常添加在酸奶里，有助人体肠道健康，因此常被视为健康食品。

人类需要益生菌

在人体肠道内栖息着数百种细菌，其数量超过百万亿个。其中对人体健康有益的叫"益生菌"，以

↑显微镜下的乳酸菌

乳酸菌为代表的益生菌是人体必不可少的且具有重要生理功能的有益菌，它们数量的多少直接影响到人的健康与否，以及人的寿命长短。

乳酸菌＝益生菌＝长寿菌

人体肠道内拥有乳酸菌的数量，会随着人的年龄增长而逐渐减少，当人到老年或生病时，乳酸菌数量可能下降100至1000倍，直到临终时完全消失。在正常情况下，健康人体内的乳酸菌比病人多50倍，长寿老人体内的乳酸菌比普通老人多60倍。因此，人体内乳酸菌数量的实际状况，已经成为检验人们是否健康长寿的重要指标。

不过现在，由于广谱和强力抗生素的广泛应用，使人体肠道内以乳酸菌为主的益生菌遭到严重破坏，人体抵抗力逐步下降，导致疾病越治越多，健康受到极大的威胁。所以，有意增加人体肠道内乳酸菌的数量就显得非常重要。目前，国际上公认的乳酸菌被认为是最安全的菌种，也是最具代表性的肠内益生菌，这也完全符合诺贝尔生物学或医学奖获得者、生物学家梅契尼柯夫"长寿学说"的结论，即乳酸菌＝益生菌＝长寿菌。

细菌"吃"细菌
——抗生素的发现

自从德国乡村医生劳伯·柯赫成为第一个猎获病菌的人以后，细菌这个名字就常常和疾病联系在一起。因为人和动植物的许多传染病都是由细菌作祟引起的，所以人们对它总有一种厌恶和恐惧的感觉。其实，危害人类的细菌只是一小部分，大多数细菌不仅能和我们和平共处，还能为人类造福。

细菌立下的汗马功劳

地球上每年都有大量动植物死亡，千万年过去了，这些动植物的遗体到哪里去了呢?这就是细菌和其他微生物的功劳。它们能把地球上一切生物的残躯"吃"个精光，同时转化成植物能够利用的养料，为促进自然界的物质循环立下了汗马功劳。许多细菌在工农业生产上也起着重要的作用。

什么是抗生素

抗生素主要是指微生物所产生的能抑制或杀死其他微生物的化学物质，如青霉素、金霉素、春雷霉素、庆大霉素等。从某些高等植物和动物组织中也可提取出抗生素。有些抗生素，如氯霉素和环丝氨酸，目前主要采用化学合成方法进行生产。改变抗生素的化学结构，可以获得性能较好的新抗生素，如半合成的新型青霉素。在医学上，广泛地应用抗生素以治疗许多微生物感染性疾病和某些癌症等；在畜牧兽医学方面，有些抗生素不仅用来防治某些传染病，还可用以促进家禽、家畜的生长；在农林业方面，有些抗生素可用以防治植物的微生物性病害；在食品工业上，有些抗生素则可用作某些食品的保存剂。

细菌的"外衣"

多数细菌是不会运动的，只是

由于它们微小而且身体轻巧，所以能借助风力、水流或黏附在空气中的尘埃和飞禽走兽身上云游四方。也有一些细菌身上长有鞭毛，好像鱼的尾巴，能在水中扭来摆去。有的细菌一丝不挂；有的却穿着特别的"衣服"，这就是包围在细胞壁外面的一层松散的黏液性物质，称为荚膜。它既是细菌的养料贮存库，又可作为"盔甲"，起着保护层的作用。对病菌来说，荚膜还与致病力密切相关，比如有荚膜的肺炎球菌能使人得肺炎，一旦细菌失去了荚膜，就如同解除了武装，也就失去了致病力。

给细菌穿上"迷彩服"

1884年，丹麦科学家革兰姆创造了一种复染法，就是先用结晶紫液加碘液染色，再用酒精脱色，然后用稀复红液染色。经过这样的处理，可以把细菌分成两大类，凡能染成紫色的，叫革兰氏阳性菌；凡能染成红色的，叫革兰氏阴性菌。这两类细菌在生活习性和细胞组成上有很大差别，医生常依据细菌的革兰氏染色来选用药物，诊治疾病。为纪念革兰姆，复染法又称革兰氏染色法。

细菌家族的成员，如果固定在一个地方生长繁殖，就能形成用肉眼看得见的小群体，叫菌落。菌落带有各种绚丽的色彩，如绿脓杆菌的菌落是绿色的，葡萄球菌的菌落是金黄色的。细菌菌落的形状、大小、厚薄和颜色等特点，是鉴别各种菌种的依据之一。

抗生素的发现

现在一说到抗生素，可能没有人不知道。比如有人得了肺炎，医生用青霉素或者其他抗生素就可以很快将其治好；如果某个地方的伤口发炎了，只要用了抗生素，伤口的愈合时间也会缩短很多。的确，人类能够战胜大多数的疾病，尤其是与具有感染作用的致病微生物做斗争，都是抗生素发挥了重要的作用。曾有人估计，抗生素的发明使全人类的平均寿命增加了10岁。

很久以前，抗生素被称为抗菌素，它不仅能杀灭细菌，并且对于霉菌、支原体、衣原体等其他致病微生物也具有很好的抑制和杀灭作用，直到最近几年才被改称为抗生素。通俗地讲，抗生素就是用于治疗各种细菌感染或抑制致病微生物感染的药物。

那么，抗生素最初又是如何被人们发现并变成了造福人类的药品呢？

首先是青霉素的发现。1929年，英国细菌学家弗莱明在培养皿中培养细菌时，偶然间发现了从空气中落在培养基上的青霉菌长出的菌落附近没有生长细菌，他便认为是青霉菌产生某种化学物质抑制了细菌的生长。就这样，这种化学物质便被称为青霉素，这就是最早的抗生素。后来在二战期间，弗莱明和另外两位科学家经过艰苦的努力，终于提取出了青霉素并制成了抵抗细菌感染的药品。由于在战争期间，防止战伤感染的药品是非常重要且稀缺的战略物资，所以，美国把青霉素的问世放在与研制原子弹同等重要的地位上。1943年，关于青霉素的消息传到了中国，当时还在抗日后方从事科学研究工作的微生物学家朱既明，经过努力研究后也从长霉的皮革上分离到了青霉菌，并且同样用这种青霉菌制造出了青霉素。到了1947年，美国微生物学家瓦克斯曼又在放线菌中发现并制成了治疗结核病的链霉素。

从1929年到现在，半个多世纪过去了，科学家已经发现了近万种抗生素，不过它们之中的绝大多数毒性太大，真正适合作为治疗人类或牲畜传染病的药品其实连200种都不到。再后来人们发现，并不是所有的抗生素都具有相同的抵抗功能，有的能够抑制寄生虫生长；有的能够除草；有的可以用来治疗心血管病；还有的可以抑制人体的免疫反应，这一点被广泛应用于手术中的器官移植一项。

在半个多世纪的时间里，抗生素挽救了无数病人的生命，不过抗生素的广泛使用也产生了一些严重的问题。例如有人因为长期使用链霉素而丧失了听力；有的病人因为长期使用抗生素，不仅杀死了有害细菌，而且杀死了人体中有益的细菌，结果病人的体质和抵抗力反而越来越弱。更糟糕的是，重复使用一种抗生素可能会使致病菌产生抗药性，反而影响治疗。因此，医生在开处方时，在对是否需要使用抗生素的选择上也越来越谨慎了。

↓细菌互吃现象

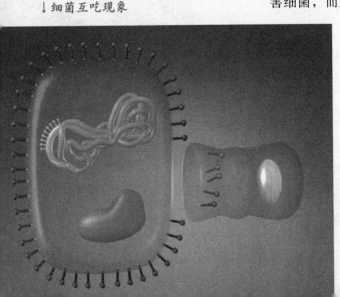

药"高"一尺还是菌"高"一丈

科学家研究发现，一种耐抗生素细菌可通过改变基因构成的方式躲避多种抗生素作用，并首次详细描述了该机制的作用过程。该研究被认为是药物研发的关键步骤，有助于开发出能对付"超级细菌"的新药。

抗生素是怎样杀毒的

在过去的几十年里，已经有近200种抗生素先后诞生，所有抗菌药对细菌都有明确的对付方式。而抗生素的发明和大量制造使它成为人类抵御细菌感染类疾病的主要武器。一时间许多曾经导致人们死亡的疾病变得不再可怕。

如青霉素就是通过抑制细菌细胞壁的合成而起到杀菌的效果；而其他一些抗生素则是通过抑制细菌蛋白质的合成、核酸的复制以及干扰细菌代谢途径等方式杀灭细菌的。

学会伪装的细菌

抗生素有针对性的攻击，也给了细菌生存的机遇。有些细菌学会了改变自己，让抗生素认为自己不是它要消灭的敌人，从而逃过一劫。一些细菌经过长期的繁衍和进

↓显微镜下无处遁形的细菌

化，对某些外界的不良环境具有天然的抗性，而它们中的耐药基因恰恰可以抵御某些抗生素的抑制作用。某些细菌具有非渗透性的细胞膜，或者缺乏某些抗生素的作用位点，因而对抗生素具备固有的抵抗性。

"超级细菌"就是利用其基因对抗生素的降解作用而形成了超强耐药性，从而使绝大部分抗菌药失效。

医院居然是"超级细菌"的集中营

研究发现，在医院内感染金黄色葡萄球菌的概率是在院外感染的

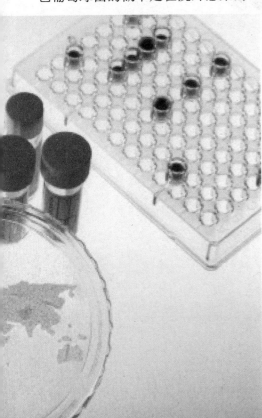

170万倍。医院为何是练就"超级细菌"的熔炉？原因是，被病菌感染的病人到医院了，医生用抗生素给他们治病，病人的内环境对细菌来说，立刻恶劣起来。

各种各样的病人汇集到医院，总有人携带着对某种抗生素有抗药性的细菌，病人间可能交叉感染，为细菌"邻里互助"，而到医院的病人机体抵抗力本来就弱，于是，抗药菌不断地升级换代，一个个"超级细菌"就诞生了。

拓展阅读

科学家研究了丹麦的95名个体和美国的154名个体。他们发现，根据肠道中大量出现的细菌种类，可分成三类，也就是说，每个人都属于这三种肠道类型中的一种。科学家们尚不清楚为什么不同人会有不同的肠道类型，他们推测，这种差异可能在于人的免疫系统如何区分好细菌和坏细菌，或者与细胞释放废物的不同方式有关。

如同血型一样，这些肠道类型与年龄、性别、种族和身体质量指数无关。但是他们也发现，老年人的肠道似乎有着更多分解碳水化合物的微生物基因，这可能是因为随着我们的年龄越来越大，我们处理营养物质可能没那么高效，因此，为了生存，细菌必须承担起这项任务。

图说经典百科

第四章

微生物让生活更美好

自古以来，人类在日常生活和生产实践中，就已经觉察到微生物的生命活动及其所产生的作用。虽然有很多疾病是由细菌引起的，如伤寒杆菌、结核杆菌、破伤风杆菌、肺炎双球菌等致病菌对人类有害，但大多数细菌还是和人类和平共处，甚至有许多细菌对人类不仅无害，而且有益，能给人类带来很大好处。例如：人们利用谷氨酸棒杆菌制造食用味精，用乳酸菌生产酸乳，用苏云金杆菌生产杀虫剂，利用产甲烷菌生产沼气，以及借助细菌来冶炼金属、净化污水、制作使庄稼增产的细菌肥料等。

微生物对人类生活有哪些影响

　　微生物产品在人类的日常生活中随处可见，酒、酸奶、酱油、醋、味精等食品，以及抗生素药、激素、疫苗等药品都是利用微生物发酵制成的。

微生物与人体

　　微生物与人类关系密切，不过这些形形色色的微生物对我们人类的生活和健康究竟会产生怎样的影响呢？大量事实证明，这些微生物既能造福于人类，也能给人类带来毁灭性的灾难。

　　人体的消化道里就"住着"大肠杆菌，它是来帮助我们消化的。而我们平时吃的美味爽口的菇类，就属于真菌类。其实很多微生物的代谢产物也可以提供给人类作为治疗药物，如青霉素、红霉素等都是它们的产物。

　　可见，在生物进化的过程中，

↓微生物的代谢产物可以作为人类的治疗药物

微生物与人体保持着一种生态平衡。有些微生物已经与人体形成一种相互依赖、互惠互利的生态平衡状态。这称作正常菌群，它对宿主有益无害。人一生下来就与周围富含微生物的自然环境密切接触，因而人体的体表皮肤与口腔、上呼吸道、肠道、泌尿生殖道等黏膜以及腔道寄居着不同种类和数量的微生物。它们有营养作用、免疫作用、生物拮抗作用、抗衰老作用以及其他的作用。

微生物给我们生活带来这么多好处，而且随着科学技术的日益发展，微生物的应用也越来越广泛，在生物制药、能源、环保、食品、工业等方面，微生物都扮演着重要

↓微生物正扮演着越来越重要的角色

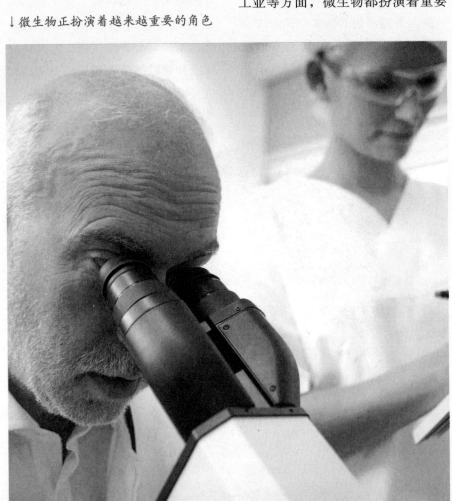

的角色。

各司其职的微生物

地球上每时每刻都有数不尽的有机体死亡，其中只有不到10%的落叶及1%以下的尸体被动物吃掉，剩余部分就成为真菌或细菌的食物。如果没有这些真菌和细菌，特别是人们常说的腐生细菌，那么这些不能消化的物质就会不断堆积，长此以往，地球就会被动植物的尸体占据。到了那个时候，人类和其他生物又到哪里去生存呢？

在工业上，利用微生物提高采油技术，可以大大降低原油的黏度，增加原油的流动性，从而大大提高原油的采收率。一些国家还将光合菌、乳酸菌、酵母菌等功能各异的80多种微生物组成一种活菌制剂，这种活菌制剂在一个统一体中互相促进，共同构成了一个复杂而稳定的具有多元功能的微生态系统，可抑制有害微生物，尤其是病原菌和腐败细菌的活动，为动植物生长提供了有力的保障。

↓实验室正在进行微生物实验

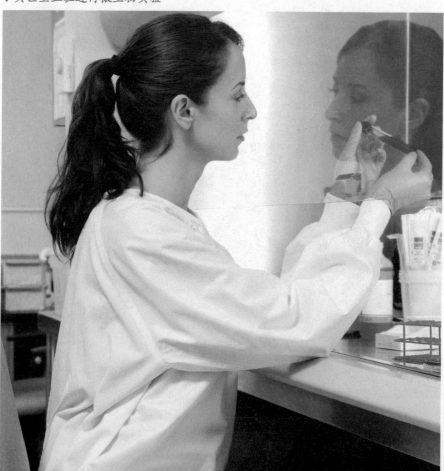

微生物油脂
——食用油脂新资源

微生物油脂又被称为单细胞油脂，这是由酵母、霉菌、细菌和藻类等微生物在一定条件下利用碳水化合物、碳氢化合物和普通油脂为碳源、氮源，辅以无机盐生产的油脂。而在适宜条件下，当某些微生物产生并储存的油脂在其生物体内达到总量的20%以上，就可以称之为产油微生物。

什么是微生物油脂

微生物油脂是继植物油脂、动物油脂之后人类开发出的又一种食用油脂新资源。能够生产油脂的微生物有酵母、霉菌、细菌和藻类等，其中真核的酵母、霉菌和藻类能合成与植物油组成相似的甘油三酯，而原核的细菌则合成特殊的脂类。不过，人们的研究主要集中在藻类和真菌上，因为细菌的油脂产量太低。

微生物油脂研究始于第一次世界大战期间，德国为了解决当时的油源匮乏而利用产脂内孢霉生产油脂。此后，美国也开始着手微生物油脂的生产，但没有实现工业化。第二次世界大战前夕，德国科学家筛选到了适于深层培养的菌株，开始在德国工业化生产微生物食用油脂。在二战之后的几十年里，由于科学技术的不断进步，科学家们对产油脂的微生物菌株进行反复的改造和筛选，终于获得了一大批油脂含量高、生产周期短、不受季节影响、产油脂率高、遗传性状稳定、成本较低、易于工业化生产的微生物油脂。

动植物油脂缺陷浮出

在贫穷饥饿时期，人们以粗食充饥，由于得不到足够的营养素，机体对病原微生物的抵抗力下降，以致许多传染病大范围流行，如常

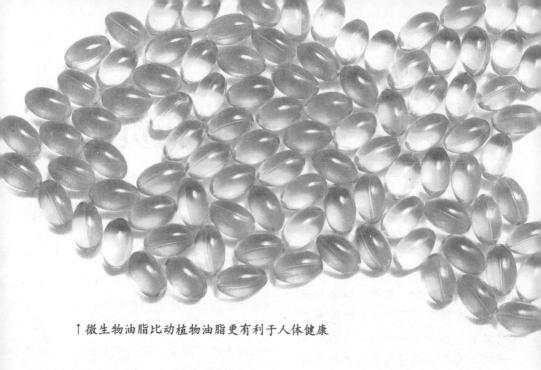

↑微生物油脂比动植物油脂更有利于人体健康

见的结核病。随着人类物质文明的发达，人类的食谱也在逐步发生改变，疾病也随之开始发生了改变。大量食用动植物油脂，使人体对病原微生物的抵抗力大大增强，如结核病等传染病的发病率逐步下降，但随之而来的是由于食物品种单调造成的人体营养不良，或者是因为膳食结构不平衡以及营养过剩，造成了所谓的"富贵病"，如心、脑血管疾病等。这一切的最主要原因还是由于我们膳食中的不饱和脂肪酸不足。而科学家指出，微生物油脂中含有丰富的PUFAs，也就是多不饱和脂肪酸——人体必备脂肪酸。它可以弥补因食用动植物油脂造成的不饱和脂肪酸缺乏问题。

为什么微生物油脂比动植物油脂更好

大多数微生物油脂都富含PUFAs，这是动植物油脂无法比拟的。因此，微生物油脂的研究、开发和应用日益受到重视的原因不仅仅是它作为动植物油脂的一个补充，更重要的是它富含不饱和脂肪酸，且后者在促进人类健康方面起着越来越重要的作用。

大量的研究结果表明，一旦人体缺乏PUFAs，将产生某些疾病，也可以说人体的某些疾病会伴随着PUFAs的含量多少而改变。如在治疗新生儿湿疹中，给患处涂抹小麻油或红花油（含亚油酸），就能很快抑制住湿疹病情；当婴幼儿严重缺乏DHA和AA时，可造成永久性智力低下和视力障碍；6—12岁儿童出现皮肤瘙痒、眼角干燥、上课注意力不集中，与其血浆内DHA含量低下有明显的正相关。精神分裂症患者体内PUFAs含量较正常人低许多；高血压、高脂血症、高胆固醇血症患者体内PUFAs含量较正常人低。食用适量富含PUFAs的微生物油脂，可明显降低高脂、高胆固醇血症患者血浆内的脂质和胆固醇水平，同时提高血浆内载脂蛋白和高密度脂蛋白水平。

那么，与动植物油脂的生产相比，微生物油脂还具有哪些优点呢？

首先，微生物的适应性强，繁殖速度快，生产周期短。

其次，微生物生长所需的原料丰富多样，特别是可以利用农副产品、食品工业及造纸生产中产生的废弃物，同时还起到了保护环境的作用。

第三，微生物生产油脂可节约劳动力，同时不受场地、气候、季节的影响，一年四季可连续生产。

第四，利用不同的菌株和培养基产品的构成变化较大的特点，尤其适合于开发一些功能性油脂。如富亚油酸、亚麻酸、EPA、DHA、角鲨烯、二元羧酸等油脂以及代可可脂。

第四章 微生物让生活更美好

↓ 用微生物油脂做出来的饭菜更健康

制醋高手——醋酸梭菌

醋是家家必备的一种调味品。烧鱼时放一点醋，可以除去腥味；有些菜加醋后，风味更加好，还能增进食欲，促进消化。

醋酸梭菌引发的争论

1856年，在法国立耳城的制酒作坊里，发生了淡酒在空气中自然变酸这一怪现象，由此引发了一场历史性的大争论。当时，有的科学家认为，这是由于酒吸收了空气中的氧气而引起的化学变化。而法国微生物学家、化学家巴斯德，令人信服地证明了酒变化成醋是由于制醋巧手——醋酸梭菌的缘故。

原来，制醋分为几个过程。首先是由曲霉将大米、小米或高粱等淀粉类原料变成葡萄糖；下一步就要靠醋酸梭菌来完成了。醋酸梭菌是一种好气性细菌，它们可以从空气中落到低浓度的酒桶里，在空气流通和保持一定温度的条件下，迅速生长繁殖，进行好气呼吸，使酒精氧化。这样，它们就能一边"喝酒"，一边把酒精变成了味香色美的酸醋了。

醋酸梭菌的功劳

醋酸梭菌对酒精的氧化只能使其生成有机酸。人们利用这个特点，用来生产醋酸，并广泛用于丙酸、丁酸和葡萄糖酸的生产。醋酸梭菌还能将山梨中含有的山梨醇转化成山梨糖，这是自然界少有的，却是合成维生素C的主要原料。另外，醋酸梭菌还可以用于生产淀粉酶和果胶酶。

好氧性的醋酸梭菌是制醋工业的基础。制醋原料或酒精接种醋酸梭菌后，即可发酵生成醋酸发酵液，可供食用，醋酸发酵液还可以经提纯制成一种重要的化工原料——冰醋酸。厌氧性的醋酸发酵是我国用于酿造糖醋的主要途径。

拓展阅读

我们认识了制醋高手，再来看看另一些爱"吃"蜡的食客。这些食客寄宿在石油化工公司的炼油厂中，它们就是被称为"石油酵母"的解脂

↓醋酸梭菌能有效提升食物口感

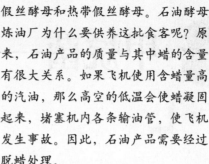

假丝酵母和热带假丝酵母。石油酵母炼油厂为什么要供养这批食客呢？原来，石油产品的质量与其中蜡的含量有很大关系。如果飞机使用含蜡量高的汽油，那么高空的低温会使蜡凝固起来，堵塞机内各条输油管，使飞机发生事故。因此，石油产品需要经过脱蜡处理。

第四章　微生物让生活更美好

甲烷菌——水底气源

在泥泞的沼泽或水草茂密的池塘里，生活着无数专爱"吹"气泡的小生命，名叫甲烷菌。甲烷菌是地球上最古老的生命体。在地球诞生初期，死寂而缺氧的环境造就了首批性情随和的"生灵"，它们具有生命实体——细胞，但不需要氧气便能呼吸，仅靠现成简单的碳酸盐、甲酸盐等物质维持生计，并开始自然繁殖。这就是生物的鼻祖——甲烷菌。时至今日，地球几经沧桑，甲烷菌却仍保持着厌氧本色。

甲烷菌的生长过程

甲烷细菌都是专性严格厌氧菌，对氧非常敏感，遇氧后会立即受到抑制，不能生长繁殖，甚至还会死亡。

甲烷细菌的生长也很缓慢，在人工培养条件下需经过十几天甚至几十天才能长出菌落，有的甲烷细菌需要培养七八十天才能长出菌落；在自然条件下甲烷菌长出菌落所需的时间更长。甲烷细菌生长缓慢的原因，是它可利用的物资很少，只能利用很简单的物质，如二氧化碳、氢气、甲酸、乙酸等。这些简单物质必须由其他发酵性细菌把复杂有机物分解后，才能提供给甲烷细菌，所以甲烷细菌一定要等到其他细菌都大量生长后才能生长。

甲烷菌的生存环境

甲烷细菌在自然界中分布极为广泛，在与氧气隔绝的环境中都有甲烷细菌生长，海底沉积物、河湖淤泥、沼泽地、水稻田以及人和动物的肠道、反刍动物瘤胃，甚至在植物体内都有甲烷细菌存在。

甲烷菌不能在有氧气处生存，因此它们只能生存在完全缺氧气的环境中，比如湿地土壤、动物消化道和水底沉积物等。甲烷作用也可发生在氧气和腐烂有机物都不存在的地方，如地面下深处、深海热水口和油库等。

还是庄稼的上等肥料，肥效比一般农家肥还高。

现代甲烷菌的"食物"来源更加广泛，杂草、树叶、秸秆，食堂里的残羹剩饭、动物粪尿，乃至垃圾等都是甲烷菌的美味佳肴。沼泽和水草茂密的池塘底部极为缺氧，甲烷菌躲在这里"饱餐"一顿之后，便可舒心地呼出一口气来，这便是沼气泡。沼气泡中充满沼气，而沼气的主要成分是甲烷，另外还有氢气、一氧化碳、二氧化碳等。沼气是廉价的能源，用于点灯、做饭，既清洁又方便，还可以代替汽油、柴油，是一种理想的气体燃料。

甲烷菌吃什么

甲烷菌的食料非常广泛，几乎所有的有机物都可以用作沼气发酵的原料。在沼气池里，甲烷菌可以源源不断地产生沼气。一个年产两万吨酒精的工厂，如果用全部的酒精废液生产沼气，每年可得沼气1100万立方米，相当于9000吨煤。而且，被甲烷菌"吞嚼"过的残渣

↓借助甲烷菌在沼气池里源源不断地产生沼气

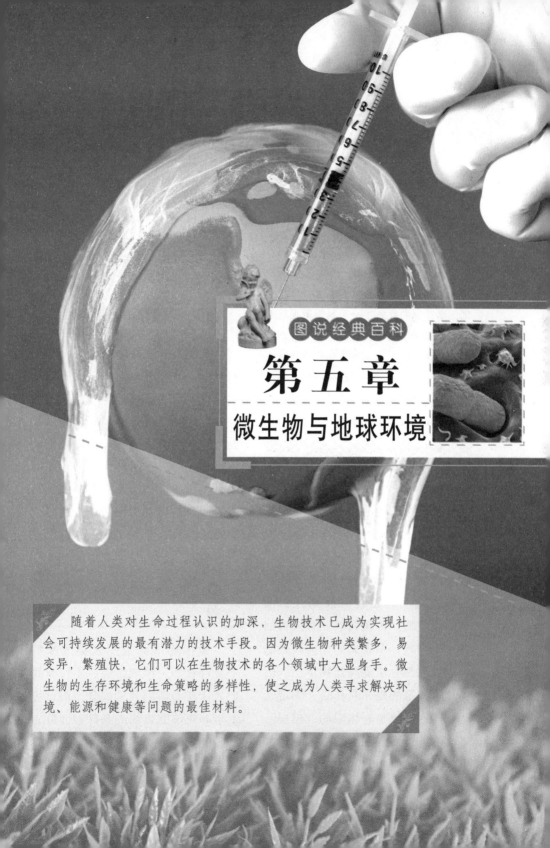

图说经典百科

第五章

微生物与地球环境

随着人类对生命过程认识的加深，生物技术已成为实现社会可持续发展的最有潜力的技术手段。因为微生物种类繁多，易变异，繁殖快，它们可以在生物技术的各个领域中大显身手。微生物的生存环境和生命策略的多样性，使之成为人类寻求解决环境、能源和健康等问题的最佳材料。

一起"品尝"微生物

由于人口的剧增，产业化的高度发展，由此而带来的粮食危机、环境恶化、水资源的缺乏等一系列问题困扰着人类，如何才能解决这些危机已摆到人们的议事日程上来。微生物作为地球上最大的生物资源，开发前景很大，一旦微生物得到合理的开发应用，这项技术将最终帮助人类渡过难关。

如果地球无法供给

现在，全球人口已超过60亿。地球将如何养活这日益增长的人口？粮食问题是首先摆到人们面前的大问题。传统的农业将无法回答这个问题，不管人们如何改良品种，如何想办法提高作物单产。因为作物依靠的是光合作用、固定光能，而这最终是有极限的。但是，事实上地球可供利用的资源却是很广的。放眼望去，满山遍野杂草丛生，木林芊芊，这些植物每年自生自灭。

自然界暗藏的资源

自然界存在许多的微生物，它们可以分解纤维素、木质素等，分解的中间产物是糖类、醇及有机酸等，这些可以被人所利用。如果我们分离到这类微生物，加以控制，就可以让草、木头转化成为葡萄糖或者蛋白质，从而为我们提供食物来源。而植物资源是可以再生的，只要我们利用得当，便不会枯竭。

微生物——人类未来的好食源

微生物本身也是人类未来的一种好食源。单细胞蛋白不仅有我们人体所必需的各种成分，而且可供培养单细胞蛋白的条件很充分，广阔的海洋可以供自养的蓝细菌生长；工厂的有机废料、废水，生活

垃圾、污水可供培养许多微生物。这些微生物只要品种选择得当，不仅不会产生有毒的物质，反而可以为我们提供佳肴。

由于微生物惊人的繁殖速度，它们在很短的时间就可以产生极大量的食物，所以预计未来的人们将不再过分依赖传统的农业生产。

用微生物产油

随着世界人口的急剧增长，油脂产量供不应求。为了解决油脂的供求矛盾，科学家从微生物身上寻找到了方法，现在已初见端倪。

一位学者在加拿大多伦多大学举办的生物能量转化会上宣布，他从天然气井周围的土壤中，分离出一种能利用阳光和二氧化碳合成油脂的节杆菌。经人工培养出来的大量菌体的细胞中充满了油脂，含量高达85%以上。如果培养1吨菌体，就可收获850千克的食油。经过化验，这种食油是单甘油酯和三甘油酯的不饱和脂肪酸，质量远胜猪油，味道可与花生油相媲美，证实是一种优质且可供食用的油脂。利用阳光、二氧化碳和糖类，就

可以大量培养这种节杆菌，不需占用土地，也不需大量劳动力。工厂化生产只用几天时间，就可以收获一批油脂，它不仅产量大，而且价廉物美，有着诱人的前景。

用微生物生产高质量油脂，是生物工程的一大成就。赫尔大学的一位生物学家也宣称，他找到了一种产油脂极高的"假丝酵母"。找到了能生产油脂的微生物，就可以通过基因工程，把能生产油脂的基因"嫁接"到其他微生物身上。这样，能生产油脂的微生物品种就会愈来愈多。到那时，到处都是微生物油脂工厂，人类就不愁油脂短缺了。

↓科学家利用微生物技术萃取出油脂

微生物的利用与开发

微生物和动物、植物一样，是自然界三大物种之一。只是因为微生物个体过于微小，不像一般动物和植物那样易让人们感知它的存在和功能，这不仅影响了人们对微生物的正确认识，而且阻碍了对微生物技术开发的支持和投入。随着社会的发展和科学的进步，微生物在工业、农业、医药、食品、能源等领域中所发挥的作用愈来愈受到关注。尤其是循环经济的建设，将离不开微生物的参与及其应用技术的发展和创新。

微生物的出现与研究

微生物在自然界中的出现，早于动物和植物。但是人们对微生物的发现和研究，则始于显微镜被发明的1676年。300多年来，已发现和定名的微生物有10万种之多。迄今为止，人们不仅认识了引发各种疾病的微生物，掌握了抑制其传播疾病的各种技术，而且开发了大量微生物的机能，并在工农业生产和科学研究中进行广泛应用。影响极为深远的基因技术，也是由微生物学工作者在1973年发明之后，才得以在动植物领域推广。

微生物的应用

微生物在工农业生产中的应用，涵盖了医药制造、食品加工、化工生产、冶金采油、污水处理、创新能源等多个领域。特别值得重视的是，微生物在物质循环中的巨大作用，可以说自然界所有的物质循环都是靠微生物的作用来实现的，如果不是微生物的存在，自然

↓微生物保健品的开发与利用

界生物体的遗骸早已堆积如山。由微生物降解有机物向自然界提供的碳元素每年高达950亿吨。正是因为有微生物的存在，地球上的各种生物材料和元素才得以周而复始。

微生物不仅有适应各种环境和条件的特殊功能，而且有利用各种原料、制作各种产品的独特作用。一些极端微生物可以生活于高寒、高温、高压、高酸、高碱等多种其他生物难以承受的环境中。因此，微生物有着广阔的应用前景。

如何将生物转化为能源

目前，人类已知的细菌不足6000种，真菌不足80000种，人类所了解的数目约占总数的5%，仅有约1%的数量保存于世界各地菌种中心，并被开发利用。

大量的微生物种类只能在自然界中生存活动，而无法在实验室里分离、培养和研究。微生物代谢可塑性强，其次级代谢产物的化学结构和生物活性的多样性难以估计，是一般合成化合物和组合化学产物所不能比拟的，几乎所有种类的药物筛选模型都能从微生物中筛选到活性物质。微生物适应环境的广泛性和生命策略的多样性，为人类社会的可持续发展和科学进步提供了良好模式，也为人类社会发展和文明进步提供了无穷的物质源泉。

↓微生物的试验开发

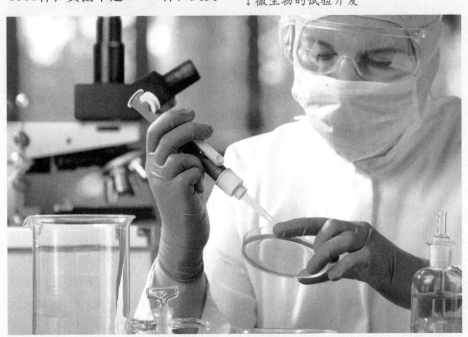

细菌的贡献
——基因工程菌

20世纪80年代初，美国最高法院接到了一份不同寻常的诉讼状，其内容令法官们颇感棘手。

为"基因工程菌"打官司

在这场官司里，原告美国通用电力公司是一家著名的企业，被告专利局则是政府机构。诉讼的缘由是：通用电力公司用基因工程研制出一种细菌，这种细菌胃口奇大，能快速清除海面的石油污染，有较高的利用价值。通用电力公司为这种细菌向专利局申请专利。专利局认为这种细菌只是一种生物，没什么专利可言，而且也从来没有这方面的先例。通用电力公司则据理力争，说这种细菌是经过DNA重组后培养出来的基因工程菌，是一种彻头彻尾的新菌种，其商品价值应该获得专利保护，不容许别家企业

随意使用。双方各执一词，相持不下，最终官司打到了最高法院。

最有深远意义的官司

这场官司持续了一年之久，最后以有利于原告的裁决告终。社会各界人士对这场官司的关注不在于谁家胜诉，因为官司本身的内容是意义深远的。它使人们确确实实地感受到，基因工程菌在各个生产领域都有用武之地，几乎无所不能。基因工程将对传统的生产方式、工艺流程和思想观念发起铺天盖地的冲击。

喜欢"吃蜡"的基因工程菌

拿石油开采来说，以前油井开采到一定程度就要报废，成为废井，废井里倒不是没有原油，而是剩下的原油含蜡比较多，很黏稠，不容易开采。针对这种情况，美国科学家研制出一种喜欢"吃"蜡的基因工程菌。把这种菌投放到废井

里，它们就像"老鼠跳进米缸"一样，欢天喜地，一边大量吃蜡，把蜡分解掉；一边高速繁殖后代，前仆后继地完成吃蜡的任务。要不了多长时间，剩下的原油就变稀了，也容易开采了。这样，"废井"获得了新生，又会奉献出一批原油。这种基因工程菌不仅研制成功了，而且已经大量投入生产，每年都能创造出可观的经济效益。

培养喜欢"吃"金属的细菌

在冶炼工业方面，基因工程菌的表现令人欢欣鼓舞。大自然中存在着一些喜欢"吃"金属的细菌。例如，一种氧化亚铁硫杆菌就特别喜欢吃硫化物矿石，这些矿石的主要成分是硫和金属（包括铁、铜、锌等）的化合物。这种细菌把矿石小颗粒吃下肚以后会进行分解，硫被排出体外，金属则留在体内。

因此，人工进行细菌冶炼就是十分简单的事。把矿石放到细菌培养液里浸着，过一段时间收集细菌的尸体，略加处理就能得到纯度很高的金属了。像氧化亚铁硫杆菌那样喜欢吃金属的菌种为数不少，食性也多种多样，喜欢吃金的、吃铀的、吃镉的……各有所好。细菌冶炼的成本较低，原料利用率较高，

产生的有毒废物很少，是一种很有潜力的冶炼方式。

"改造"细菌的DNA

大自然中这些喜欢吃金属的细菌，不同程度地存在一些缺陷，有的繁殖较慢，有的适应环境的能力较差等。单靠它们，要大面积推广细菌冶炼是有困难的。基因工程专家们着手对这些细菌进行了改造。改造有两条途径，一种是通过DNA重组来改造这些细菌的遗传特性，提高它们的繁殖能力和适应能力；另一种是干脆把吃金属的基因转移到大肠杆菌和某些酵母菌中去，让这些繁殖快、适应能力强的菌种来完成冶炼金属的任务。

有人预言，不到20年，冶炼工业将发生革命性的变化，那就是高温冶炼和化学提炼的设备将大批消失，基因工程菌将成为冶炼工业的主力军。

↓大自然中存在喜欢吃金属的细菌

造福人类的特殊生命
——极端微生物

极端微生物是最适合生活在极端环境中的微生物的总称，包括嗜热、嗜冷、嗜酸、嗜碱、嗜压、嗜金、抗辐射、耐干燥和极端厌氧等多种类型。

小精灵，大前途

提到生命体，人们一般都会想到动物和植物。其实，微生物和动物、植物一样，是自然界最重要的生命形式之一，只是因为微生物个体过于微小，不像一般动物和植物那样易让人们感知它的存在和功能，从而阻碍了人们对其的感性认识。其实，早在显微镜被发明的1676年，人类就发现了微生物的存在，并开始了相关研究。微生物在地球上主要担负分解代谢功能，没有它们的活动，地球将成为一个巨大的垃圾场。并且，微生物在工农业生产中的应用非常广泛，生活中常见的食品发酵、抗生素的生产等都有微生物的贡献。

它们生存在生命禁区

在人类认识微生物的过程中，在一度被认为是生命禁区的极端环境里，陆续发现了许多微生物以其独特的生理机制及生命行为在繁衍生息，这些微生物被称为极端微生物。科学家相信，极端微生物是这个星球留给人类独特的生物资源和极其珍贵的科研素材。科学界开展关于极端微生物的研究，对于揭示生物圈起源的奥秘，阐明生物多样性形成的机制以及认识生命的极限等，都具有极为重要的科学意义。而极端微生物研究的成果，将大大促进微生物在环境保护、人类健康和生物技术等领域的利用。目前发现的极端微生物主要包括嗜酸菌、嗜盐菌、嗜碱菌、嗜热菌、嗜冷菌及嗜压菌等。由于它们具有特殊的基因结构、生命过程及产物，对人类解决一些重大问题，如生命起源及演化等有很大的帮助。例如把分子生物学和基因组学研究往前推了一步的PCR（聚合酶链式反应）技术，就是因为应用了嗜热微生物的酶而得以实现的，使其能在很短的时间内在体外大量地复制DNA。而PCR技术的发明人穆利斯也因此于1993年获得了诺贝尔化学奖。

极端微生物的应用

　　目前，许多极端微生物体内的

一些酶类已得到广泛的应用，如用嗜碱微生物生产的洗衣粉用酶，每年市场营业额高达6亿美元。科学家指出，极端微生物是亟待研究和开发的领域，如果能够成功研制出应用特性，对节约能源、提高效率将产生重要的影响。譬如说，在工业发酵生产中，由于普通微生物生产的菌株不耐高温，所以需用冷却来降低发酵过程中产生的热量，以确保菌株的活力。如果能够找到合适的嗜热微生物来发酵，则可以避免不必要的资源和效率浪费。

↓嗜冷菌

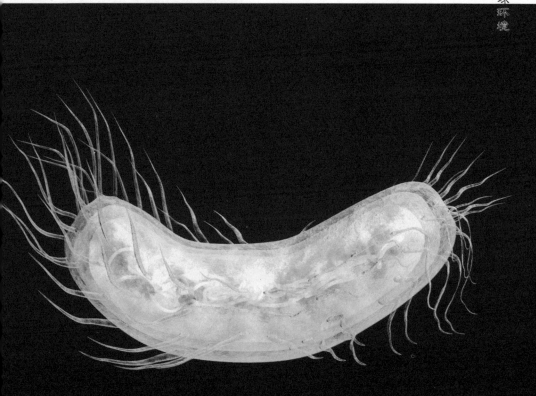

让绿色循环
——微生物燃料电池

目前全世界正面临着能源危机，科学家们也正在寻找化石燃料可能的替代能源。美国威斯康星—麦迪逊大学的一个交叉学科研究小组正在研究是否能通过细菌的光合作用产生持续电流的技术。

什么是微生物燃料电池

微生物燃料电池的概念已经提出将近三十年了。当时一个英国研究人员在碳水化合物培养细菌的过程中，连接两个电极时，观测到了微弱的电流。尽管它还只处于实验室研究阶段，但其研究已经逐渐成形，有望成为一种替代能源。

事实上，光合作用细菌可以有效地从它们的食物中分离出能量。微生物可以从有机废物中剥离电子，然后形成电流。利用先进的电子提取技术，可以更有效地进行这个转化过程。

目前，研究人员们把微生物封装在密闭的无氧测试管中，测

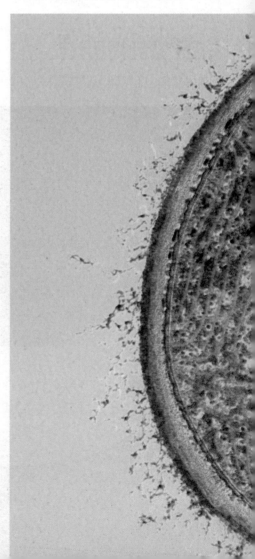

试管的形状被做成类似电路的回路。当处理废物时，先把有机废水通入管中，作为副产品电子向阳极移动，然后通过回路流到阴极。另外一种副产品质子通过一块离子交换膜流到阴极。在阴极中，电子和质子与氧气发生反应形成水。

▶ 永不止步的研究

一块微生物燃料电池，理论上最大可以产生1.2伏特电压。但是实际上，它可以像电池一样，把足够多的燃料电池并联和串联起来，产生足够高的电压，成为一种有实际应用价值的电源。

↓ 光合作用细菌

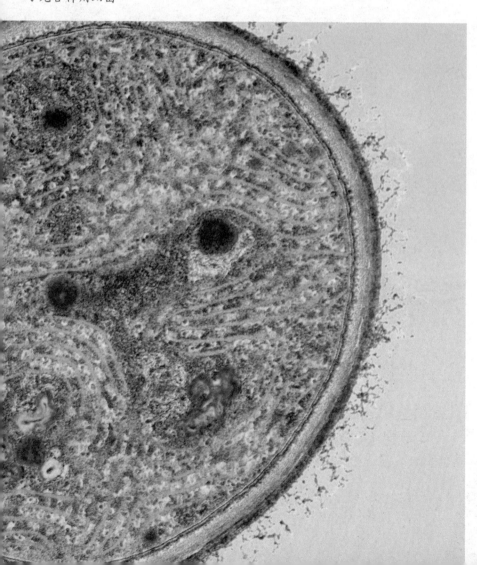

第六章

了解细菌的庐山真面目

在显微镜下，我们看到的细菌大致有三种形状：个儿又胖又圆的，叫球菌；身体瘦瘦长长的，是杆菌；体形弯弯扭扭的，称螺旋菌。不论哪种形状，它们都只是单细胞，内部结构和一个普通的植物细胞相似。多数细菌是不会运动的，只是由于它们体微身轻，所以能借助风力、水流或黏附在空气中的尘埃和飞禽走兽身上，云游四方，浪迹天涯。

不可缺少的海洋细菌

细菌，是地球上最早形成的最原始的生命，虽然现在已发展到很多种，且已遍布世界的各个角落，但仍有半数成员一直生活在海洋里。从南北极的冰下到最深的万米海沟底部，它们无处不在。若有适宜的地方供它们黏附，它们就会迅速蔓延。所以，海底底质中的细菌比上层水体中的细菌多，浅海底的细菌比深海底的细菌要多。

海洋中细菌的分布

海洋细菌分布广、数量多，在海洋生态系统中起着特殊的作用。海洋中细菌数量分布的规律是近海区的细菌密度较大，内湾与河口内密度尤大；表层水和水底泥界面处细菌密度较深层水大，一般底泥中较海水中大；不同类型的底质间，细菌密度差异悬殊，一般泥土中的

细菌高于沙土中的。

什么是腐生细菌

腐生细菌是一种能使海洋里的动植物尸体、粪便和其他有机物腐烂、分解，最后变成二氧化碳、硝酸盐、磷酸盐等无机化合物的细菌。这些化合物就像农业用的化肥一样，作为养料提供给其他生物进行光合作用，重新生产有机物。细菌不同，喜欢分解的有机物也不同。有些细菌喜欢分解纤维素，有些专门吃蛋白质，多数有机物都可以被细菌用作能源，有的细菌甚至还能慢慢地降解石油。所以，无论

↓自养细菌蓝藻

是单细胞的放射虫，还是海中霸王鲨鱼或带有硬壳的虾蟹，死亡以后都会统统被它们消灭掉。

化学合成细菌

化学合成细菌能在无法进行光合作用的地方，如海底的地热喷口处合成复杂的有机物。这些细菌能利用溶解在水里的硫化氢气体作为能源生产出有机物。在深海的热泉口附近发现的深海管状蠕虫，其消化系统全部退化，它们无口、无消化道，也无肛门，肚子里全是细菌，活得却非常好，这是因为它们靠肚子里的细菌用合成方式产生有机物来为自己提供营养。

自养细菌

自养细菌就是能进行光合作

用，靠自己养自己的细菌，一般叫作蓝藻。它们是一个个独立的细菌或数个细菌连在一起而形成的。它们的主要特点是细胞里有色素（包括叶绿素），因而呈现蓝色、绿色，有时还带浅红色。当数量达到一定程度时，还会使水色变红，红海就是因此而得名的。

它们有球形、杆形、螺旋形、卵形、链形及丝状等形态，形态会因环境和生活阶段的不同而不同，蓝藻能把水中溶解的氮气转化为硝酸盐和亚硝酸盐等基本的营养物质，所以它们对热带海域浮游植物的光合作用起着重要的作用。

海洋细菌的多"功能"性

海洋里也有不少细菌能引起疾病，许多海洋哺乳动物、鱼和一些

↑海洋中有无数的光合作用细菌

无脊椎动物因感染而引起的疾病，就是某些海洋细菌所为。

但另一方面，科学家也发现，海洋里的细菌是生物医药的新来源，如人们发现虾卵上的细菌能分泌某些物质，保护虾卵免受致病细菌的侵袭，若除去这种细菌，这些虾卵会在数小时内遭到外界破坏而死亡。

海洋里还有上百种能发光的细菌，当海水受到搅动或某种化学药品的激发时，发光细胞就能发出幽幽荧光。科学家依此而设计出细菌探测仪，里面培养着细菌，每种细菌能探测出1—5种毒气、炸药之类的化学物质。当它们受到各自敏感的毒气或炸药等物质的激发时就会发光，使光电管亮起来。这种细菌探测器在海关检查毒品时可以大显神通。

细菌，地球上最早出现的生命，在今天自然界的物质循环中仍担负着重要的使命。

细菌超强的生存能力

有科学家称，巨大的重力似乎对微生物没有产生太大的作用。微生物能生存在比地球引力大40万倍的超重环境下。

最意外的发现

研究人员将大肠杆菌放到重力相当于地心引力7500倍的环境中时，他们发现这种微生物仍然能生长，而且繁殖得相当好。研究人员表示："我们震惊于这一发现，它刺激着我们的好奇心。因此，我们

在更大重力环境下重复了同样的实验，最终发现大肠杆菌甚至能在40万倍重力环境下正常地生长繁殖，而40万倍重力是我们通过实验设备能够产生的最大重力。"

对比之下，大约50倍重力环境可能会对人类产生严重伤害，甚至死亡，即使处于这种环境下仅百分之一秒。美国宇航局航天飞机上的宇航员在起飞和返回时，可能要承受大约3倍重力的压力。

研究人员进一步扩展了他们的实验，将4种其他类型的微生物暴露于超重环境下长达140小时。他们发现，另一种微生物脱氮副球菌也可以在40万倍重力环境下繁殖生存。

↓某些细菌具有抗辐射能力

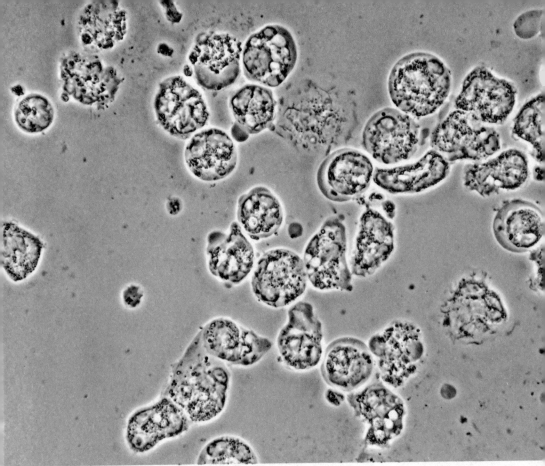

↑细菌具有超强的生存能力

细菌的超级防辐射能力

❖❖▪ - - - - - - - - - - - - ➤

　　在这个核时代，有一种"超级英雄"被称为"抗辐射微球菌"，这种细菌是微生物学家在经过辐射灭菌处理后依然变质的罐头肉中发现的。研究表明，微球菌承受辐射的强度是人类的数千倍，其秘密就在于微球菌的超级修复能力。

　　我们知道，辐射能将DNA断裂成碎片，从而对DNA造成毁灭性的伤害。但当微球菌的基因组受损时，其修复基因会立即行动起来，使受损基因恢复到原来的状态。研究证明，微球菌能像实验室里的DNA复制机一样合成出与断裂片断互补的复制品，然后将这些片断连接起来，重建DNA的完整序列，并大规模地修复自身的DNA。而人类对DNA的修复和复制却是有限的。

　　很显然，耐辐射的DNA修复可以用来促进人类DNA的修复。不过，要想使耐辐射细菌的相关基因在人体中发挥作用，还面临巨大的挑战。

战功累累的放线菌

放线菌是一类主要呈丝状生长和以孢子繁殖的陆生性较强原核生物。放线菌最突出的特点之一是能产生大量的种类繁多的抗生素。放线菌菌体为单细胞，最简单的为杆状或有原始菌丝。

放线菌与人类的关系

腐生型放线菌在自然界物质循环中起着相当重要的作用，而寄生型放线菌可引起人、动物、植物的疾病。而放线菌中大部分都是腐生，很少有寄生，因此可以说其与人类的关系十分密切。此外，放线菌还具有特殊的土霉味，容易使水和食品变味，还有的放线菌可以破坏棉毛织品、纸张等，造成不小的经济损失。

放线菌最突出的特性之一就是能产生大量的、种类繁多的抗生素。抗生素是主要的化学疗剂，现在临床所用的抗生素种类包括庆丰霉素等；有的放线菌还用于生产维生素和酶制剂。此外，在石油脱蜡、污水处理等方面也有所应用。而科学家在寻找、生产抗生素的过程中，也逐步积累了不少有关放线菌的生态、形态、分类、生理特性及代谢等方面的知识。据估计，全世界共发现4000多种抗生素，其中绝大多数由放线菌产生。这是其他生物难以比拟的。

泥土的味道哪里来

放线菌实际上是细菌家族中的一员，是一类具有丝状分枝细胞的革兰氏阳性细菌，因菌落呈放射状而得名。放线菌最喜欢生活在有机质丰富的微碱性土壤中，泥土所特有的"泥腥味"就是由放线菌产生的。

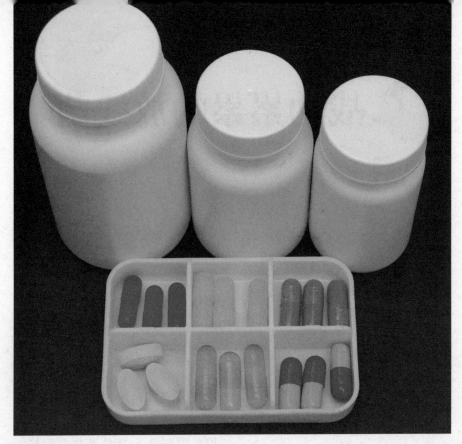

↑放线菌劳苦功高

放线菌的形态、大小和结构

　　放线菌有许多交织在一起的纤细菌体，叫菌丝。这些菌丝分工不同，有的埋头大吃，这是专管吸收营养的基质菌丝；有的朝天猛长，这是作为放线菌成长发育标志的气生菌丝。放线菌长到一定阶段便开始"生儿育女"。它们先在气生菌丝的顶端长出孢子丝，等到它们成熟之后，就分裂出成串的孢子。孢子的外形有的像球、有的像卵，

可以随风飘散，遇到适宜的环境，就会在那里"安家落户"，开始吸水，萌生成新的放线菌。

　　根据菌丝形态和功能的不同，放线菌菌丝可分为基内菌丝、气生菌丝和孢子丝三种。链霉菌属是放线菌中种类最多、分布最广、形态特征最典型的类群。

　　基内菌丝匍匐生长于营养基质表面或伸向基质内部，它们像植物的根一样，具有吸收水分和养分的功能。有些还能产生各种色素，把培养基染成各种美丽的颜色。

气生菌丝是基内菌丝长出培养基外并伸向空间的菌丝。在显微镜下观察时，一般气生菌丝颜色较深，比基内菌丝粗；而基内菌丝色浅、发亮。有些放线菌气生菌丝发达，有些则稀疏，还有的种类无气生菌丝。

孢子丝是当气生菌丝发育到一定程度时，其上分化出可形成孢子的菌丝。放线菌孢子丝的形态多样，有直形、波曲、钩状、螺旋状、一级轮生和二级轮生等多种，是放线菌定种的重要标志之一。

抗生素的主角——放线菌

医生常常使用链霉素、红霉素这一类抗生素治病，使许多病人转危为安，抗生素的"幕后"主角其实就是大名鼎鼎的放线菌。目前发现的几千种抗生素中，有一半以上是由放线菌产生的。它的菌落颜色鲜艳，呈放射状，对人体无害，因此，人们常用它作食品染色剂，既美观，又安全。利用放线菌还可以生产维生素B_{12}、蛋白酶和葡萄糖异构酶等医药用品。虽然个别类的放线菌对人类有害，例如分枝杆菌能引起肺结核和麻风病等，但这些比起放线菌的功绩来，实在是微不足道的。放线菌的个体是由一个细胞组成，与细菌十分相似，因此它们常被当作细菌家族中的一个独立的大家庭。不过，放线菌又有许多真菌家族的特点，例如菌体由许多无隔膜的菌丝体组成，所以从生物进化的角度看，它是介于细菌与真菌之间的过渡类型。

↓弗兰克氏菌的生长环境

真菌——微生物中最大的家族

随着生活水平的逐渐提高，人们的卫生防病意识也在不断加强。大多数人都知道细菌可以导致疾病，并习惯用"有病菌"或"有细菌"来形容一个脏的环境或物品。那么，真菌又是怎么回事，它是细菌的一种吗？的确，真菌也很微小，也能使人生病，但它和细菌有着本质的区别。真菌和细菌一样，都是分解者，能分解死亡生物的有机物，但真菌能将生物分解为各类无机物，增加土地肥力。

最大的家族

真菌是微生物王国中最大的家族，它的成员约有25万多种。真菌这个名字听起来好像比较陌生，其实生活中我们经常接触到它。例如，味道鲜美的蘑菇，营养丰富的银耳、木耳，延年益寿的灵芝，利水消肿、健脾安神的茯苓，保肺益肾、止血化痰的冬虫夏草。诸如此类早为人们所熟悉的名菜佳肴、珍奇药物，都是真菌家族的成员；酿酒、发面、

制酱油，都离不开酵母菌或霉菌的帮助，而它们也正是真菌大家族的杰出代表。

微生物中最年轻的家族

从生物进化的过程来看，真菌的诞生要比细菌晚10亿年左右，所以它是微生物王国中最年轻的家族。它们和细菌、放线菌最根本的区别在于真菌已经有了真正的细胞核，因此人们把真菌的细胞叫作真

↓灵芝

核细胞。从原核细胞发展到真核细胞，是生物进化史上的一件大事。

虽然蘑菇、猴头菇这一类真菌长得又高又大，样子很像植物，但它们的细胞壁里没有纤维素和叶绿体，不能像植物那样产生叶绿素，这是它们与植物的重要区别。

真菌的应用

真菌在自然界中分布极广，约有25万多种，其中能引起人或动物

感染的仅占极少部分，约300种。很多真菌对人类是有益的，如发酵面粉，制酱油、醋、酒和霉豆腐等都要用真菌来发酵。工业上许多酶制剂、农业上的饲料发酵都离不开真菌。许多真菌还可食用，如蘑菇、银耳、香菇、木耳等。真菌还是医药事业中的宝贵资源，有的可以用于生产抗生素、维生素以及酶类；有的本身就可以入药，用于医治疾病，如中药马勃、茯苓、冬虫夏草等。

真菌带来的危害

真菌毒素是真菌在食品或饲料里生长所产生的代谢产物，对人类和动物都有害。真菌毒素造成中毒的最早记载是11世纪欧洲的麦角中毒，这种中毒的临床症状曾在中世纪的圣像画中描述过。由于麦角菌的菌核中会形成有毒的生物碱，所以这种疾病至今仍称为麦角中毒。急性麦角中毒的症状是产生幻觉和肌肉痉挛，进而发展为四肢动脉的持续性变窄而发生坏死。

造成较大社会影响的真菌毒素中毒事件有1913年俄罗斯东西伯利亚的食物中毒造成的白细胞缺乏病，1952年美国佐治亚州发生的动物急性致死性肝炎，我国20世纪50年代发生的马和牛的霉玉米中毒和甘薯黑斑病中毒、长江流域的赤霉病中毒、华南的霉甘蔗中毒等。真菌及其毒素与癌症的发生有密切的关系，癌症的高发地区与食物中带染真菌和存在真菌毒素有关。

黄变米，即失去原有的颜色表面呈黄色的大米，主要由黄绿青霉、岛青霉、橘青霉等霉菌的侵染造成。黄绿青霉可产生神经毒素，急性中毒症状表现为神经麻痹、呼吸麻痹、抽搐，慢性中毒症状表现为溶血性贫血。岛青霉产生的黄天精和环氯素能引起肝内出血、肝坏死和肝癌。橘青霉产生的橘青霉素能毒害肾脏。有一些出血综合征也是由真菌毒素引起的。如拟枝孢镰刀菌和梨孢镰刀菌产生的T2毒素，其急性中毒症状为全身痉挛，心力衰竭死亡；亚急性或慢性中毒常表现为胃炎，恶心，口腔、鼻腔、咽部、消化道出血，白细胞极度减少，淋巴细胞异常增大，血凝时间延长等。葡萄状穗霉菌产生的毒素会引起皮肤类和白血病症状，初期症状是流涎，腭下淋巴肿大，眼、口腔黏膜，口唇充血，继而黏膜龟裂。开始白细胞增多，继之血小板白细胞减少，血凝时间长，许多组织呈坏死性病变，从而造成患者死亡。

著名的"十万火鸡事件"

1960年在英格兰东南部的农庄中，人们突然发现他们饲养的火鸡一个个食欲缺乏，走起路来如同一个醉汉东倒西歪。过了两天，这些火鸡全都耷拉着脑袋，不能取食，不到一周的时间便都陆续死去。这种不明的"瘟神"迅速扩展到其他地方，农民们眼睁睁地看着自己饲养的火鸡一只一只地死掉，却无可奈何而伤心至极。短短两三个月的光景，便死掉了约十万只火鸡——这就是历史上有名的"十万火鸡事件"。

当时，由于人们对这种疾病原因不明，故叫作"火鸡X病"。与此同时，在非洲的乌干达也发现了类似的小鸭死亡事件，根据各种疑迹，科学家开始了追捕"凶犯"的调查与分析。

开始，科学家检查了当地农民施用的农药，结果排除了农药致死火鸡的可能性。随后，他们又对各种致病微生物作了大量的检测分析，认为它们也不可能引起如此大规模的火鸡死亡。最后通过仔细调查，他们终于在伦敦的一家碾米厂找到了疑点，认为"凶犯"与碾米厂所供应的饲料有关，其主要毒性则在饲料里的长生粉中。科学家用这些长生粉对小鸡和小鸭做试验，结果发现它们都呈现出典型的"火鸡X病"症状。由此证明，这种长生粉具有微强的毒性。至此，"凶犯"的来龙去脉已被查明，但真正的"凶犯"又是谁呢？

在随后的两年时间里，科学家集中对这些长生粉作了分析研究，通过各种高科技手段，最后确认这个"凶犯"便是黄曲素，其致火鸡于死地的有毒物质便是这种霉菌所排泄出来的黄曲霉毒素。这类毒素的毒性之烈，简直让人难以置信。取1克这类毒素中毒性最强的物质，便能毒死成千上万只小鸭！这个超级杀手黄曲素不仅可以成批成批地杀死动物，而且对我们人类的安全也构成直接威胁。1974年10月，在印度西部的农村里，曾发生过一起黄曲霉毒素中毒事件，涉及二百多个村庄，共397人生病，其中死亡106人。

拓展阅读

真菌在地球上存在了多长时间至今还不清楚，对真菌的起源也没有确切的结论。真菌的有些特点和植物相似，然而在某些方面又和动物相似。近年来，根据营养方式的比较研究，真菌不是植物也不是动物，而是一个独立的生物类群——真菌界。

发霉的真菌——霉菌

霉菌是丝状真菌的俗称，意思是"发霉的真菌"，它们往往能形成分枝繁茂的菌丝体，但又不像蘑菇那样产生大型的子实体。构成霉菌体的基本单位称为菌丝，呈长管状，宽度为2—10微米，可不断自前端生长并分枝。在固体上生长时，部分菌丝深入物体吸收养料，被称为基质菌丝或营养菌丝；而向空中伸展的称气生菌丝，可进一步发育为繁殖菌丝，产生孢子。菌丝体通常呈现出白色、褐色、灰色或鲜艳的颜色（菌落为白色毛状的是毛霉，绿色的为青霉，黄色的为黄曲霉）。霉菌繁殖的速度非常迅速，经常会造成食品、用具等形成大量霉腐而变质。不过霉菌中也有很多有益种类被广泛应用了。霉菌是人类实践活动中最早认识和利用的一类微生物。

微生物世界的巨人家族

霉菌，又称"丝状菌"，属真菌，体呈丝状，丛生，可产生多种形式的孢子。多腐生，种类很多，常见的有根霉、毛霉、曲霉和青霉等。霉菌可用以生产工业原料(如柠檬酸、甲烯琥珀酸等)，进行食品加工(如酿造酱油等)，制造抗生素(如青霉素、灰黄霉素)和生产农药(如"920"、白僵菌)等。但它也能引起工业原料和产品以及农林产品发霉变质。还有一小部分霉菌可引起人与动植物的病害，如头癣、脚癣及番薯腐烂病等。

霉菌的繁殖

霉菌有着极强的繁殖能力，而且繁殖方式也是多种多样的。虽然霉菌菌丝体上任何一片在适宜条件下都能发展成新个体，但在自然界中，霉菌主要还是依靠产生形形色色的无性或有性孢子进行繁殖。孢子有点像植物的种子，霉菌的孢子具有小、轻、干、多，以及形态色泽各异、休眠期长和抗逆性强等特点，每个个体所产生的孢子数，经常是成千上万的，有时竟达几百亿、几千亿甚至更多。这些特点有助于霉菌在自然界中随处散播和繁殖。对人类的实践来说，孢子的这些特点有利于接种、扩大培养、菌种选育、保藏和鉴定等工作；不利之处则是易于造成污染、霉变和传播动植物的霉菌病害。

霉菌是丝状真菌的俗称，意思是"发霉的真菌"，它们往往能形成分枝繁茂的菌丝体，但又不像蘑菇那样产生大型的子实体。在潮湿温暖的地方，很多物品上长出一些肉眼可见的绒毛状、絮状或蛛网状的菌落，那就是霉菌。为适应不同的环境条件和更有效地摄取营养满足生长发育的需要，许多霉菌的菌丝可以分化成一些特殊的形态和组织，这种特化的形态称为菌丝变态。

↓霉菌

最容易被真菌感染的食物

真菌无处不在。真菌们向来不挑食，我们的食物同样也是它们的食物，这给我们带来了很多的麻烦。

花生

黄曲霉是花生壳上最常见的真菌，所以在霉变的花生上总是能够检测出黄曲霉毒素，而且由花生制成的食品，如花生油或花生酱中也常含有黄曲霉毒素。与花生相似的还有开心果。另外一些坚果，如核桃、榛子或椰仁则受黄曲霉毒素的危害较轻。

烘烤食品（面包）

真菌毒素能通过由霉变的粮食磨成的面粉进入面包，常见的是发霉的面包中产生真菌毒素。面包烘烤之后在晾凉、储存、切割和包装的过程中，由于面包房中的空气内含有大量的真菌，面包容易被污染。在面包上常见的能产生毒素的真菌是黄曲霉（黄曲霉毒素）、赭曲霉（赭曲霉毒素Ａ）、扩张青霉（展青霉素）和杂色曲霉（杂色曲霉素）。在黑麦面包中只发现有黄曲霉生长，但无毒素形成。

水果和果汁

在酸性水果和水果制品中能形

↓ 容易被真菌腐烂的食物

↑容易被真菌腐烂的食物

成的真菌毒素是展青霉素和由丝衣霉分泌的丝衣霉酸。这些真菌在水果（如苹果、梨、桃、杏、葡萄、菠萝和柠檬等）表面长成棕色斑点。

展青霉素在酸性环境中非常稳定，巴氏消毒时用高达80℃的温度都不会使它失活。如果用腐烂的水果进行加工，果汁内就可能存在展青霉素。另外，丝衣霉属某些菌株的子囊孢子的抵抗力特别强，巴氏消毒时用高达85℃的温度也只能使少量的毒素失活，存活的毒素可能引起果汁变质。在卫生条件欠佳的环境中晾干和储放水果，特别容易被真菌污染。例如干无花果就常含有黄曲霉毒素。

蔬菜

在室温下，真菌在辣椒、西红柿、黄瓜、胡萝卜等蔬菜生长时能产生展青霉素。由于肉眼很容易发现这种霉变现象，消费者不会购买或食用它们，所以由此引起中毒的可能性极小。

果酱类和蜂蜜

在含糖量达到重量的50%—60%且未经处理的蜂蜜和果酱中不会产生真菌毒素。因此，按照传统配方的果酱（果实和糖各占一半）与含糖量低的产品相比，更能抵抗真菌毒素的污染。

第 七 章

微生物中的暗流——可怕的病毒

　　病毒比细菌小得多，只有用能把物体放大到上百万倍的电子显微镜才能看到它们。一般病毒只有一根头发直径的万分之一那么大，它比细菌简单得多，整个身体仅由核酸和蛋白质外壳构成，连细胞壁也没有。蛋白质外壳决定病毒的形状，它们中有的呈杆状、线状，有的像小球、鸭蛋、炮弹，还有的像蝌蚪。

人类健康头号杀手
——传染病

　　虽然我们能够制服引起一般传染病的微生物，但是，艾滋病和新出现的疾病依然不断威胁着人类，还有一些一度被控制的传染病又开始死灰复燃。例如，世界各地似乎一度销声匿迹的结核病，近年来患病率却节节上升。据世界卫生组织的资料，全世界每年死亡的5200万人中，有三分之一是由传染病造成的。

病毒可以独立生存吗

　　病毒是不能单独生存的，它们必须在活细胞中过寄生生活。因此各种生物的细胞便成为病毒的"家"。寄生在人或其他动物身上的病毒称为动物病毒，人类的天花、肝炎、流行性感冒、麻疹等疾病，动物的鸡瘟、猪丹毒、口蹄疫等，都是因为病毒寄生于人体和畜禽的细胞中引起的。

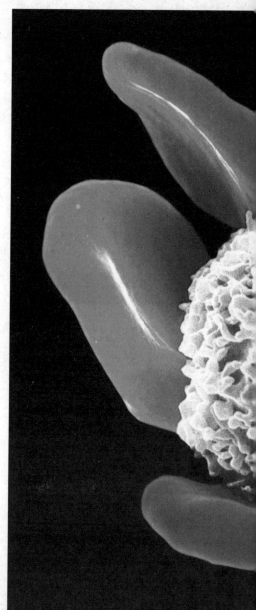

病毒是怎样"感染"你的

同细菌一样，病毒引起感染的第一步是病毒吸附到易感细胞表面。由于人、猴等灵长类动物

↓白细胞中的巨噬细胞

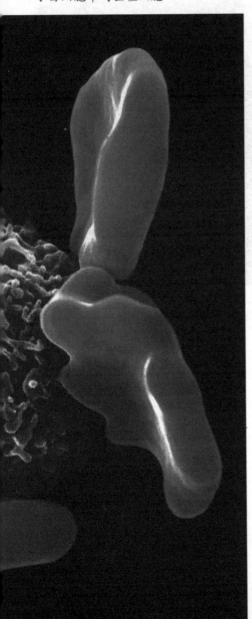

的肠道黏膜上皮细胞有脊髓灰质炎病毒受体，故经口感染可传播此病毒，引发小儿麻痹症。

可以侵犯人体引起感染甚至传染病的微生物，叫作病原微生物，或称病原体。病原体中以细菌和病毒的危害性最大。病原体侵入人体后，人体就是病原体生存的场所，我们称为病原体的宿主，病原体在宿主中进行生长繁殖、释放毒性物质等活动，从而引起机体不同程度的病理变化，这一过程称为感染。

为什么水果、蔬菜要洗后再吃

水果、蔬菜含有丰富的营养物质，对人体健康是必不可少的。

不过现在，农药的残毒都会留在水果、蔬菜的表皮，若不洗就吃，农药势必会随之进入人体内，对身体造成伤害。水果、蔬菜本身有着丰富的营养，这些营养不仅对人体有益，而且对微生物非常有益。所以在水果、蔬菜的表面会滋生许多微生物，其中含有较多的酵母菌、细菌。而有的蔬菜，如胡萝卜、萝卜等是直接生长在土壤里，在种植过程中还要经常施用农家肥、人粪尿等肥料，所以细菌等就会直接附着在蔬菜的表皮上。

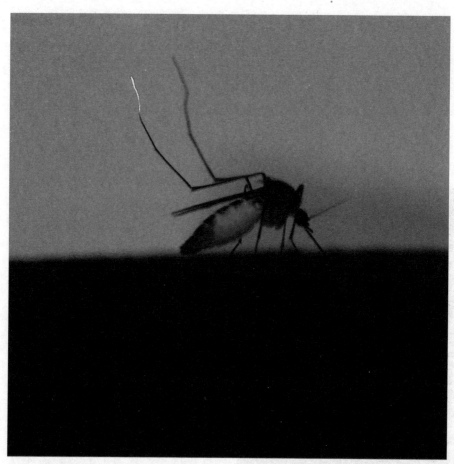

↑蚊子传播疾病

如果从地里拔出，不洗干净就直接食用，会引起痢疾等疾病。所以食用水果、蔬菜时一定要洗干净后再吃，不要只图一时的痛快而生吃瓜果，造成不必要的麻烦。

拓展阅读

每个人都有生病的经验，但不一定了解为什么会生病。人和动植物都会患病，但不是所有的疾病都是由微生物引发的。例如血吸虫病是较高等的软体动物引起的，肺癌多半由环境因素（如吸烟）造成，流血不止的血友病则是遗传性疾病。虽然当今不是由微生物引发的疾病，例如某些癌症、心血管疾病和中风等在人类死亡原因中的比例在逐年增加，然而大量致病微生物却仍然给我们的生活带来了极大的危害，成为人类死亡的头号杀手。

病毒防火墙——疫苗

疫苗是指为了预防、控制传染病的发生、流行，用于人体预防接种的疫苗类预防性生物制品。

人类历史上的重大发现

在人类历史上，曾经出现过多种造成巨大生命和财产损失的疫症，而在预防和消除这些疫症的过程中，疫苗发挥着十分关键的作用，所以疫苗被评为人类历史上最重大的发现之一。疫苗分为两类：第一类是指政府免费向公民提供，公民应当依照政府的规定受种的疫苗；第二类疫苗是指由公民自费并且自愿受种的其他疫苗。

当动物体接触到不具伤害力的病原菌后，免疫系统便会产生一定的保护物质，如免疫激素、活性生理物质、特殊抗体等；当动物再次接触到这种病原菌时，动物体的免疫系统便会依循其原有的记忆，制造出更多的保护物质来阻止病原菌的伤害。

疫苗家族的发现与壮大

疫苗的发现可谓是人类发展史上具有里程碑意义的事件。因为从某种意义上来说，人类繁衍生息的历史就是人类不断同疾病和自然灾害斗争的历史。控制传染性疾病最主要的手段就是预防，而接种疫苗被认为是最行之有效的措施。事实证明也是如此，威胁人类几百年的天花病毒在牛痘疫苗出现后便被彻底消灭了，迎来了人类用疫苗迎战病毒的第一个胜利，也更加令人坚信疫苗对控制和消灭传染性疾病的作用。此后200年间，疫苗家族不断扩大，目前用于人类疾病防治的疫苗有20多种，根据技术特点分为传统疫苗和新型疫苗。传统疫苗主要包括减毒活疫苗和灭活疫苗，新型疫苗则以基因疫苗为主。

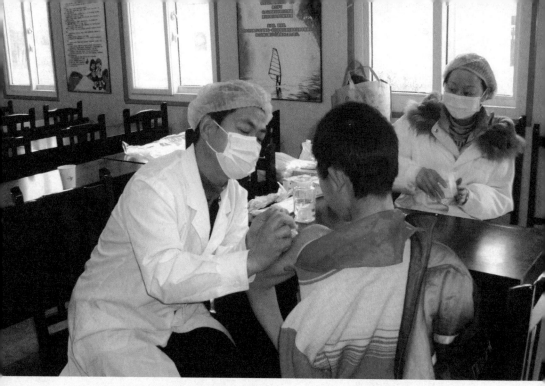
↑打疫苗有助于防止与控制疾病的发生

意义上，更需要受到保护。

疫苗接种的误区

疫苗的使用对象为正常健康人群，所以制作要求比药品的制造技术更复杂、投资更巨大、研发周期更长（平均为7—10年）、上市审批也更加严格。因此，只要通过正规途径，在医生专业的指导下接种疫苗，正确掌握禁忌证，安全性是有保证的。事实上，绝大多数疫苗的不良反应是短暂而且临时的，如接种部位酸痛、轻微发热等。

对于传染病的威胁，只要体内没有产生出抗体，任何年龄阶段都可能受感染，无论是孩子还是成人。而成人作为社会及家庭的支柱，在某种

国内外疫苗的区别

国产疫苗更适合中国人，进口疫苗不可靠吗？并非如此，衡量一个疫苗的质量，关键要看其安全性和有效性，这都要基于大量的临床观测病例后才能体现出来。特别是进口疫苗，在上市前，都是经过了几千例甚至几万例的临床观测病例检验，完全符合标准之后，才能够被批准上市。所有进入中国的疫苗也是经过国家权威机构的检验后才能进入市场。就甲肝疫苗来说，目前进口甲肝疫苗的有效率几乎达到了100%。

图说微生物

与病毒抗争
——牛痘与天花

在人类历史上，天花、黑死病和霍乱等瘟疫都造成了惊人的死亡人数。最早有纪录的天花发作是在古埃及。公元前1156年去世的埃及法老拉美西斯五世的木乃伊上就有被疑为是天花皮疹的迹象。最后有纪录的天花感染者是1977年的一个医院工人。

琴纳与天花病毒

爱德华·琴纳是免疫学之父，天花疫菌接种的先驱。

1796年5月17日，正是琴纳47岁的生日。这天一大早，琴纳的候诊室里就聚集了很多好奇的人。屋子中间放着一张椅子，上面坐着一个八岁的男孩，名叫菲普士，正津津有味地吃着糖果。爱德华·琴纳则在男孩身边走来走去，显得有些焦急不安，他正在等一个人。不久，一位包着手的女孩来了。她就是挤牛奶的姑娘尼姆斯，几天前她从奶牛身上感染了牛痘，手上长了一个小脓疱。琴纳等的人正是她，今天他要大胆地实施一个几十年日思梦想的计划了：他要把反应轻微的牛痘接种到健康人身上去预防天花。

琴纳用一把小刀，在男孩左臂的皮肤上轻轻地划了一条小痕，然后从挤牛奶姑娘手上的痘痂里取出一点点淡黄色的脓浆，并把它接种到菲普士划破皮肤的地方。两天以后，男孩便感到有些不舒服，但很快就好了，菲普士又照样活泼地与其他孩子一起在街上嬉闹玩耍了。菲普士非常顺利地挨过了牛痘"关"。

不过，摆在琴纳面前最主要的事情还是证明菲普士今后再也不会感染天花。如果真是这样的话，那么目的就达到了：成功实现牛痘的接种。

一天，琴纳从天花病人身上取来了一点痘痂的脓液，接种在了菲普士身上。这是一个关键的时刻，

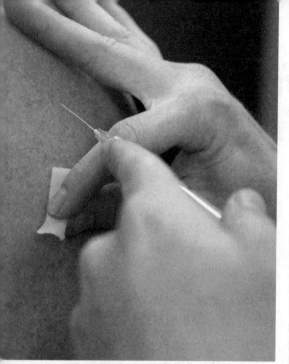

↑接种疫苗

行，几乎有10%的居民死于天花，五个人中即有一个人脸上有麻点，甚至皇帝也无法幸免。法皇路易十五、英国女王玛丽二世、德皇约瑟一世、俄皇彼得二世等，都是感染天花而死的。18世纪欧洲人死于天花的人数达一亿五千万以上。美洲之所以有天花，是16世纪时由西班牙人带入的，据记载，公元1872年美国开始流行天花，仅费城就有2585人死亡。在俄国从1900年到1909年的十年中，死于天花者达50万人，可见天花是一种极其凶险的传染病。

也是琴纳感到紧张、担心的日子。如果接种的牛痘不能预防天花的话，那菲普士就将因此患上严重的天花，这是一件多么可怕的事情呀！然而，一星期过去了，又一星期过去了。菲普士依然很健壮。以后，琴纳又接着做了一批批试验，更进一步证实了牛痘预防天花的作用。牛痘疫苗预防天花的试验终于获得了成功。

以毒攻毒

天花是一种滤过性病毒引起的烈性传染病。得病后死亡率极高，一般可达25%，有时甚至高到40%。不死者也会留下永久性的疤痕或失明。我国民间有俗语说："生了孩子只一半，出了天花才算全。"可见天花危害之严重。

古人如果发现一个人得了某种传染病，便会使用一种方法令他可以长期或终身不再得这种病，有的即使再得病，也是比较轻微而不致死亡。人们从中得到启发，懂得"以毒攻毒"的原理，即在未病之前，先服用或接种这种有毒的致病物质，使人体对这些疾病产生特殊

天花的危害

早在3000多年前，人们在埃及木乃伊上已见到天花的疤痕，印度在公元前6世纪也出现了此病。中世纪时，天花在世界各国广泛流

图说微生物

的抵抗力，这种思想包含有近代医学的免疫萌芽。

在"以毒攻毒"思想指导下，我国也在寻找预防天花的方法。明代郭子章《博集稀痘方》（公元1557年）、李时珍《本草纲目》都记载了用（白）水牛虱和粉作饼或烧灰存性和粥饭服下，以预防天花的方法。虽然这种方法尚未得到实际效果，但是，它表明古人在"以毒攻毒"思想下，正在寻找防治天花的方法。

我国古代关于天花的记录

早在晋代时，著名药学家道家葛洪在《肘后备急方》中已有记载，他说："比岁有病时行，仍发疮头面及身，须臾周匝，状如火疮，皆戴白浆，随决随生"，"剧者多死"。同时他对天花的起源进行了追溯，指出：此病起自东汉光武帝建武年间（公元23—26年）。这是我国也是世界上最早关于天花病的记载。书中还说："永徽四年，此疮从西流东，遍及海中。"这是世界最早关于天花流行的记载。

从此，我国历代典籍开始逐渐有天花记载，虽然各书所称病名不一，但从所描述的症状看，属天花无疑。唐宋以来，此病例增多。15世纪以后，由于交通发达，人员往来频繁，天花在我国广泛流行，甚至蔓延到深宫禁闱。据记载顺治皇帝就是患天花死去的，康熙幼年时为了避免感染，由保姆护视于紫禁城外，不敢进宫看望他的父皇。由于天花严重威胁大众的健康，因此古代人很早就在摸索防治天花的方法。

↓天花疫苗接种的先驱——爱德华·琴纳

动物的感冒——禽流感

自从1997年在我国香港发现人类也会感染禽流感之后，此病症引起全世界卫生组织的高度关注。其后本病一直在亚洲地区零星爆发，但从2003年12月开始，禽流感在东亚多国——越南、韩国、泰国等国家严重爆发，并造成越南多人丧生。现时远至东欧多个国家亦有案例。2013年2月10日，我国贵州省发现两例人感染高致病性禽流感病例。

禽流感的危害

禽流感，全名鸟禽类流行性感冒，是由病毒引起的动物传染病，通常只感染鸟类，少见情况会感染猪。禽流感病毒高度针对特定物种，但在罕有情况下会跨越物种障碍感染人。

人感染禽流感死亡率约为33%。此病可通过消化道、呼吸道、皮肤损伤和眼结膜等多种途径传播，区域间的人员和车辆往来是传播本病的重要途径。

禽流感被国际兽疫局定为甲类传染病。按病原体类型的不同，禽流感可分为高致病性、低致病性和非致病性禽流感三大类。非致病性禽流感不会引起明显症状，仅使染病的禽鸟体内产生病毒抗体；低致病性禽流感可使禽类出现轻度呼吸道症状，食量减少，产蛋量下降，出现零星死亡；高致病性禽流感最为严重，发病率和死亡率均高，人感染高致病性禽流感死亡率约是60%，家禽鸡感染的死亡率几乎是100%，无一幸免。

禽流感是怎么被发现的

文献中关于最早发生的禽流感记录是在1878年，意大利发生鸡群大量死亡，当时被称为鸡瘟。到1955年，科学家证实其致病病毒为甲型流感病毒。此后，这种疾病被更名为禽流感。禽流感被发现100多年来，人类并没有掌握有效的预防和治疗方法，仅能以消毒、隔离、大量宰杀禽畜的方法防止其蔓延。

禽流感的潜伏期

禽流感潜伏期从几小时到几天不等，其长短与病毒的致病性、感染病毒的剂量、感染途径和被感染禽的品种有关。羽绒制品通常会经过消毒、高温等多个物理和化学处理过程，传播病毒的概率应当很小。

目前在世界上许多国家和地区都发生过禽流感，给养禽业造成了巨大的经济损失。这种禽流感病毒

主要引起禽类的全身性或者呼吸系统性疾病，鸡、火鸡、鸭和鹌鹑等家禽及野鸟、水禽、海鸟等均可感染，发病情况从急性败血性死亡到无症状带毒等极其多样，主要取决于带病体的抵抗力、感染病毒的类型及毒力。

禽流感病毒不同于SARS病毒，禽流感病毒迄今只能通过禽传染给人，不能通过人传染给人。感染人的禽流感病毒H5N1是一种变异的新病毒，并非在鸡、鸭、鸟中流行了几十年的禽流感病毒H5N2。目前没有发现人因吃鸡感染禽流感H5N1的病例，但都是和鸡有过密切接触，可能与病毒直接吸入或者进入黏膜等原因有关。

↓鸟儿也会患上感冒

是病毒导致的猛犸象灭绝吗

人们普遍认为，猛犸象的消失与地球气候变化有关，随着冰川后退、气温上升以及后来出现的干旱，猛犸象无法适应新的生存环境而最终灭亡。但是这种观点难以解释一个事实：在以前的气候变化中，有时气候突变更为剧烈，猛犸象都没有灭绝。显然气候的变化不是唯一的原因。

一些研究人员发现，人类从亚洲经白令海峡向美洲迁移的时期与猛犸象的灭绝时间前后相连，并进而认为人类的狩猎活动造成了猛犸象的最终消亡。但考古发现表明，猛犸象的聚集地很少有人类活动的痕迹。另一方面，当时人类的狩猎工具极其简单，主要靠石器，围捕巨大强壮的猛犸象是相当冒险的。

病毒是导致猛犸象在地球上绝迹的罪魁祸首吗？科学家说，目前还需要做大量的工作探讨潜在的致病因子，并且这并不一定能完全解开猛犸象的消亡之谜。

↓曾经活跃在地球上的猛犸象